国家自然科学基金项目（42364002，41974016，42264001）资助
江西省主要学科学术和技术带头人培养计划（20225BCJ23014）资助
湖湘高层次人才聚集工程—创新团队项目（2019RS1060）资助
河北省水利科研项目（2022-28）资助

联合多源卫星数据研究青藏高原湖泊水储量变化

黄征凯　侯增楠　程海琴　贺小星　著

西南交通大学出版社
·成　都·

图书在版编目（CIP）数据

联合多源卫星数据研究青藏高原湖泊水储量变化 / 黄征凯等著. -- 成都：西南交通大学出版社，2023.11

ISBN 978-7-5643-9557-5

Ⅰ. ①联… Ⅱ. ①黄… Ⅲ. ①卫星遥感－应用－青藏高原－湖泊－水资源－储量计算 Ⅳ. ①P343.3

中国国家版本馆 CIP 数据核字（2023）第 221507 号

Lianhe Duoyuan Weixing Shuju Yanjiu Qing-Zang Gaoyuan Hupo Shuichuliang Bianhua

联合多源卫星数据研究青藏高原湖泊水储量变化

黄征凯　侯增楠　程海琴　贺小星　**著**

责任编辑	杨　勇
封面设计	GT 工作室
出版发行	西南交通大学出版社 （四川省成都市金牛区二环路北一段 111 号 西南交通大学创新大厦 21 楼）
营销部电话	028-87600564　028-87600533
邮政编码	610031
网　　址	http://www.xnjdcbs.com
印　　刷	成都蜀通印务有限责任公司
成品尺寸	185 mm × 260 mm
印　　张	10
字　　数	225 千
版　　次	2023 年 11 月第 1 版
印　　次	2023 年 11 月第 1 次
书　　号	ISBN 978-7-5643-9557-5
定　　价	49.00 元

前言

青藏高原分布着地球上海拔最高、数量最多的高原湖泊群，也是我国湖泊分布最集中的地区。青藏高原是我国主要河流的发源地，该地区的湖泊对于河流的水量调节起着重要作用，有效掌握青藏高原湖泊水储量变化对于我国水资源利用和可持续发展有着重要意义。本书的研究核心是联合多源卫星数据研究青藏高原湖泊水储量变化，主要内容包括水陆交界处波形重跟踪算法研究，内陆湖泊的多源测高数据融合和测高数据自动化处理方法研究，利用测高和遥感数据计算湖泊水储量变化研究，结合 GRACE（Gravity Recovery and Climate Experiment）时变重力场模型数据进行湖泊水量平衡分析，以及定量角度探讨青藏高原湖泊变化的气候响应关系，联合多源卫星数据的可可西里东北部流域湖泊溃堤案例研究等。本书的主要研究工作和成果如下：

（1）当测高卫星经过水陆交界处时，由于受到“陆地污染”的影响，回波波形中出现的异常峰值将降低重跟踪算法的改正精度。针对水陆交界处“陆地污染”的问题，改进波形净化技术，并结合阈值重跟踪算法对净化后的波形进行改正。结果显示本书提出的方法增加了有效测高观测数据，分别通过大地水准面和验潮站数据进行比较，精度分别达到 15 cm 和 20 cm。针对青藏高原湖泊的特点，提出了改进的波形净化方法，并通过部分青藏高原湖泊实测水位数据评估各重跟踪算法的精度。计算结果显示净化后的波形和阈值法的组合较原始波形进行阈值法重跟踪改正的精度提高了 2.5 cm，这表明改进的波形净化技术可有效提高内陆湖泊的测高数据精度。

（2）研究了内陆湖泊多源测高数据的融合方法，将不同测高数据进行时间基准和坐标基准的统一，利用平差方法消除系统偏差，从而提高了测高数据精度，并通过实例验证了该方法的可行性。研究了稳健的测高数据粗差剔除方法，最大程度获取了干净的湖泊水位时间序列；制订测高数据自动化处理方案，实现了青藏高原湖泊中测高数据的批量提取，自动生成湖泊水位时间序列，大幅提高了湖泊水位信息提取的计算效率。

（3）分别利用 4 种测高数据分析不同时段青藏高原湖泊水位变化趋势；Topex/Poseidon 和 ERS（Environment Resource Satellite）系列测高数据显示，1992—2017 年期间，观测的 93 个湖泊的平均水位变化趋势为+17.2 cm/a；综合 ICESat 和 Cryosat-2

卫星数据观测到 181 个湖泊的水位变化，结果显示 2003—2017 年期间，青藏高原湖泊水位的平均变化趋势为+14.6 cm/a。在流域分布上，北部湖泊多为上涨趋势，南部的雅鲁藏布江流域和西部的印度河流域为下降趋势。综合多种测高数据均发现 1997 年大量湖泊的水位由下降转成上涨，2012 年大量湖泊水位上涨趋势转成下降趋势。

（4）研究了利用归一化水体指数提取湖泊边界的方法，利用遥感数据计算结果显示，1992—2015 年青藏高原湖泊面积以+452.45 km^2/a 的速率扩张，其中内流区湖泊的急剧增长（+444.6 km^2/a）是主要贡献，遥感数据呈现的面积变化与测高观测水位变化表现基本一致。讨论了联合测高与遥感观测数据估计湖泊水储量变化的方法，计算结果显示：1992—2015 年期间，青藏高原整体水储量变化为 5.87 Gt/a，其中色林错的水储量增加最快（+1.22 Gt/a），约占总增加量的 21%，水储量减少最快的为羊卓雍错（－0.11 Gt/a）。

（5）利用 GRACE 月重力场模型球谐系数计算青藏高原陆地水储量变化，结果显示陆地水储量变化与湖泊水储量变化的区域分布较为一致。其中南部的雅鲁藏布江流域为持续下降，北部的柴达木盆地为持续增加，中间过渡区域的内流区和黄河流域在 2012 年出现水储量由升转降的变化。比较湖泊水储量变化与陆地水储量变化，结果显示内流区的湖泊水量变化是陆地水储量变化的主要贡献，该地区湖泊水储量变化的主导因素为净降水量。

（6）由于冰川融水量无法准确估计，本书利用冰川系数对冰川与湖泊水量变化关系进行定性分析。统计结果显示：2003—2009 年期间，冰川湖泊和非冰川湖泊的水位上涨速率分别为 20 cm/a 和 22 cm/a，两者没有显著差异；2010—2017 年期间，冰川湖泊的水位变化速率高于非冰川湖泊（分别为 8 cm/a 和 3 cm/a）。比较冻土区和非冻土区的湖泊水位变化，结果显示所有时段冻土区湖泊的水位上涨速率均高于非冻土区湖泊。结果表明 2012 年降水减少后，冰川和冻土对湖泊补给的贡献增加，一定程度上减缓了湖泊水位下降速率。提出了利用净降水数据模拟封闭湖泊的水储量变化的方法，并分离出湖泊水储量变化中非降水-蒸发因素的影响。利用测高和遥感技术观察青藏高原北部大量湖泊出现的水位暴涨以及卓乃湖溃堤事件，表明利用测高技术实时监测该地区湖泊水位变化对于地质灾害的预警有重要指导作用。分析了温度变化与湖泊水位变化的关系，其中水位变化与秋季温度变化呈正相关，与冬季温度呈负相关。

（7）在气候暖湿化背景下，青藏高原内流区的湖泊普遍快速上涨，其中位于可可西里东北部流域的卓乃湖出现罕见的湖泊溃堤现象，是首次被卫星技术观测到的青藏高原大型湖泊溃堤事件。本书利用 Crysoat-2 和 Landsat 遥感影像，分析了卓乃湖溃堤事件中流域内 4 个湖泊水位、面积和水储量变化。通过与 Jason-2 数据和实测水位数据的比较，在库赛湖和盐湖水位观测值的标准差分别为 0.263 m 和 0.319 m。本书提出了联合多源数据的湖泊水储量估算方法，实现测高观测的水位数据和遥感观测的面积数据的互相插值，从而获取了2009—2016年卓乃湖流域内各湖泊的每月湖泊水量时间序列。基于高时间分辨率时间序列发现卓乃湖溃堤导致了下游湖泊的连续溃堤，还简要分析了卓乃湖溃堤的原因以及卓乃湖溃堤前后整个湖泊的水储量平衡。

本书共8章，由华东交通大学黄征凯主编。第1～5章由华东交通大学黄征凯编写，第6章由华东交通大学侯增楠编写，第7章由华东交通大学程海琴编写，第8章由江西理工大学贺小星编写。全书由华东交通大学黄征凯组织和统稿，江西理工大学贺小星负责全书的统一修改。

本书由华东交通大学教材出版基金、国家自然科学基金项目（42364002，41974016，42264001）、江西省主要学科学术和技术带头人培养计划（20225BCJ23014）、湖湘高层次人才聚集工程—创新团队项目（2019RS1060）和河北省水利科研项目（2022-28）联合资助，感谢相关单位和项目负责人给予的资助。

在本书的编写过程中引用和借鉴了大量的相关书籍和论文，在此向原作者致谢。另外，感谢华中科技大学罗志才教授和武汉大学汪海洪副教授在本书编写过程中提供的有益的建议和修改意见。

由于水平有限，书中难免会有欠妥之处，敬请专家和广大读者批评指正。

著　者

2023年9月

目录

第1章 绪　论

1.1 研究背景

水是地球上人类最不可或缺的自然资源之一，清洁干净的水源供应是人类生存发展的基本先决条件。地球上的水覆盖了71%的地球表面，然而真正可用的淡水资源仅是其中的极少部分，且多数集中在两极和格陵兰岛，不易被人们所开采。湖泊是淡水资源的重要载体，从世界范围来看，湖泊的地理分布极不均匀，大部分位于北半球和高纬度的冰冻圈层。我国的湖泊主要集中在青藏高原和长江中下游[1]，其中青藏高原分布着地球上海拔最高、数量最多、面积最大的高原湖泊群区，也是我国湖泊分布最密集的地区。据1995年遥感观测结果显示，青藏高原中面积大于1 km^2的湖泊有1 048个，湖泊总面积为35 593.6 km^2，约占全国湖泊总面积的一半[2]。由于青藏高原独特的地理条件，该地区的湖泊对于我国和周边国家的水资源利用、生态环境和区域气候变化都有重要影响[3, 4]。

青藏高原总面积大约315万平方千米，平均海拔在4 000 m以上，因而有“世界屋脊”之称。青藏高原蕴藏着世界上两极和格陵兰岛之外最大的冰雪储量，该地区分布有冰川36 800条，冰川总体量约为4 561 km^3，多年平均融水量约为350 km^3，冰川融水为亚洲多条著名河流提供了丰沛的水源，如长江、黄河、澜沧江、雅鲁藏布江、印度河等，因而也被称为“亚洲水塔”。青藏高原的水储量变化对于亚洲主要河流的水量调节起着重要作用，湖泊是青藏高原地区重要的水资源载体，有必要对该地区的湖泊水储量进行有效的监测。研究显示，近年来黄河上游地区的湖泊水位下降甚至消失的现象，黄河上游流量减少[5]。因此，监测青藏高原湖泊水储量变化对于水资源合理利用以及我国的可持续发展有着重要现实意义。

青藏高原是受气候变暖影响仅次于两极的地区[6, 7]，过去的研究显示近30年来青藏高原的温度以0.2 °C/10 a的速度上升，相当于全球暖化速度的两倍[8, 9]。随着温度的上升，蒸发量增加，青藏高原部分湖泊出现面积萎缩现象；而青藏高原的快速暖化加剧了冰川融化，冰川融水加速了青藏高原部分湖泊的扩张；湖泊的急剧变化不可避免地影响当地居民的生产和生活[5]。部分学者研究发现，近20年来青藏高原降水快速增加，并导致了多数湖泊水位上涨，湖泊溃堤的风险随之上升。利用Jason-2和Cryosat-2卫星观测到2011年位于可可西里地区的卓乃湖发生溃堤事件，并导致下游的库赛湖、盐湖和海丁诺尔湖泊急剧扩张，对当地的生态环境造成了严重的破坏，并对青藏铁路的安全运行造成潜在危险。由此可知，及时观测青藏高原湖泊水位变化对于高原地区的灾害预警工作具有指导意义。

青藏高原的地形和气候格局相当复杂，南起喜马拉雅山脉，北至昆仑山、阿尔金山和祁连山，西部为帕米尔高原和喀喇昆仑山脉，东部与秦岭山脉和黄土高原相连，在山脉中分布着众多的盆地和山谷。在夏季，高原气候主要受到东亚夏季风、亚热带西风和印度洋西南季风的影响[10]，6—9 月份降水充沛；在冬季，主要影响的季风为寒冷干燥的西风。由于气候和地形模式的差异，这些高山湖泊表现出强烈的时空变化和对气候变化的不同反应。例如，自 20 世纪 70 年代以来，青藏高原中部的色林错和纳木错等湖泊迅速扩张[11]，同时青藏高原南部的一些湖泊（如羊卓雍错、佩枯错）的水位显著下降[12-14]。研究发现，青藏高原湖泊水位变化与气候变化之间存在着紧密的关系，表征着区域内水循环的演化过程。由于青藏高原地区中多数为封闭湖泊，湖泊的水位能够真实地反映气候和环境的变迁，该地区也是全球气候变化的热点地区[15, 16]。因而，研究青藏高原湖泊变化及其与气候变化响应对于区域乃至全球气候变化研究具有重要的科学意义。

1.2 研究现状

青藏高原地区的湖泊变化一直是研究的热点课题，由于受到自然条件的制约，除了青海湖、纳木错、羊卓雍错等少数湖泊外[17-20]，多数湖泊缺乏实测水位资料，严重影响了青藏高原湖泊相关的研究工作。随着技术的发展，多源卫星观测手段为青藏高原湖泊相关研究提供了大量的观测数据，为青藏高原湖泊定量研究提供了数据支持[21, 22]。朱立平等利用联合航测地形图、遥感影像、气象站点气象资料以及实测水深数据，综合运用遥感、GIS 技术、空间分析、统计分析等方法，定量分析了近 34 年来纳木错湖面面积和水量的变化情况，并从气象要素和水量平衡两方面对其变化原因进行了探讨[23]。张国庆等结合遥感和测高数据分析了中国 10 个大型湖泊的水位和面积变化，并联合两种数据估算湖泊水量平衡[21]。Song 等利用多源卫星数据量化了色林错的水位、面积和水储量变化，建立了一个经验模型来模拟湖泊解冻期间与湖泊面积数据对应的连续湖泊水位数据集[24]。

1.2.1 卫星测高

卫星测高技术是利用高度计观测卫星到地面的距离，并通过定轨技术获取卫星高度，进而计算地面星下点的高度。自第一颗搭载高度计的卫星发射至今已经过了 40 多年的发展历程，卫星测高技术日益成熟。早期的实验测高卫星有太空实验室 Skylab（Sky Laboratory）、Seasat（Sea Satellite）、Geosat（GEOdetic Satellite）等，目前最常用的测高卫星包括欧洲空间局（ESA：European Space Agency）开发的 ERS 系列卫星和美国太空总署（NASA：National Aeronautics and Space Administration）与法国国家太空研究中心

（CNES：National Centre for Space Studies）联合研制的 Topex/Poseidon（T/P）系列卫星，其中的 ERS-1、ERS-2、Envisat（Environmental Satellite）和 T/P 陆续完成任务，目前仍在运行的测高卫星有 Jason-3、SARAL（Satellite with ARgos and ALtiKa）等，将按计划实施的测高卫星有 Sentinel-3、Jason-CS、SWOT 等。上述卫星均搭载雷达波高度计，主要科学任务为观测海面地形。此外，NASA 于 2003 年发射的 ICESat(Ice, Cloud, and land Elevation Satellite）卫星搭载的地学激光测高系统（GLAS：Geoscience Laser Altimeter System），可用于观测冰盖高程、云、浮尘高度和地表植被特征等[25, 26]。2010 年开始运行的 Cryosat-2 卫星，是另一颗旨在监测海冰和陆地冰盖变化的卫星，卫星搭载了 Ku 波段（13.8 GHz）的合成/干涉孔径雷达高度计（SIRAL：SAR/Interferometric Radar Altimeter）。值得注意的是 Cryosat-2 提供 3 种不同的观测模式，分别是低解析度模式（LRM：Low Resolution Model）、合成孔径雷达（SAR：Synthetic Aperture Radar）以及合成孔径雷达干涉高度计（SARIn：SAR/Interferometric Radar Altimeter），3 种模式根据不同的观测区域进行切换，其中本书研究的青藏高原地区大都采用 SARIn 模式[27, 28]。

最初测高卫星计划的实施是为了观测海面地形和两极冰盖变化，随着技术不断的发展，测高数据已广泛用于其他研究领域。早在 1980 年代，卫星测高就被证明可用于内陆湖泊研究，但由于受测高轨迹和数据精度所限并未得到广泛应用。随着卫星定轨技术和测高数据处理方法的进步，测高数据精度大幅提高，利用测高数据确定的湖泊水位可达到厘米级精度[29]。影响测高卫星观测精度的因素很多，包括地面反射条件、高度计精度和稳定性等；其中，在内陆湖泊中由于水域面积所限，回波中常包含陆地反射信号，将影响卫星观测精度。此外，由于不同卫星的星载高度计各异，测高精度表现也有所差异。Cretaux 等分析了测高卫星在湖泊水位的精度，结果显示 Topex 和 ERS 系列的精度分别为 3 cm 和 9 cm[30]。通常面积越大的湖泊，测高数据计算的湖泊水位的精度也较高，例如 T/P 和 Jason-1 在北美五大湖观测水位与验潮站数据比较精度达到 3 ~ 5 cm[31]。

随着卫星测高定轨和测距精度不断提升，该技术在内陆水体的精度方面也取得了长足发展，并逐渐推广至内海、湖泊、河流等内陆水体的水位观测。国外学者成功利用卫星测高数据研究了典型湖泊的水位变化。Morris 等首次利用 Geosat 精确重复任务的两年数据监测了五大湖的水位变化，与水文站的实测水位数据进行比较，均方根误差再现了为 9.4 到 13.8 cm 不等，综合平均值为 11.1 cm。研究还指出，随着未来的测高任务精度的显著提高，这将允许对许多中等（直径 25 km）或更大的湖泊和封闭海域进行例行监测[32]。Birkett 等描述了一种基于 TOPEX/POSEIDON 地球物理数据记录数据集简单处理获取相对湖泊水位变化的技术，讨论了对雷达高度计在这些湖泊上空的覆盖范围和全球跟踪性能的评估，采集了 12 个封闭湖泊、6 个开放湖泊和 3 个水库的湖泊水位时间序列，结果显示中误差精度达到越 4 cm，标志着测高技术可获取相对精确的湖水位数据[33]。

Calmant 等研究发现测高观测水位仍然存在分米级的不确定性，这些需要改进处理方法，例如波形重追踪、地球物理校正编辑等许多工作要做[34]。

此外，大量国内学者利用测高技术分析了中国一些湖泊的水位变化[35, 36]。Hwang 等利用 TOPEX/Poseidon（T/P）测高数据计算中国 6 个内陆湖泊的湖泊水位时间序列，并分析了这些湖泊水位的年度和年际变化的显著差异，通过小波分析分析了上述湖泊与气候变化的联系[37]。Zhang 等首次进一步使用测高法监测湖泊水位变化来估算蓄水量的波动，为偏远地区和紧急情况下水储量估算手段的补充，该研究支持卫星测高连续监测中大型湖泊中水动态的时间变化[38]。李景刚等系统地分析了 Jason-2/OSTM GDR 的数据特点、湖泊水位计算原理、测高数据编辑与处理过程，对 Jason-2 卫星测高数据在南洞庭湖水位变化监测中的应用进行了试验研究。测高获取水位与最近的地面水文站实测水位的相关系数达 0.974，表明基于 Jason-2 的水位监测结果具有较高的可信度[39]。郭金运等利用 1992—2002 年的 TOPEX/Poseidon（T/P）卫星 GDR 数据分析博斯腾湖水位变化为 0.2 m/a，分别采用小波分析和傅里叶分析得到了博斯腾湖水位变化的平均周期，由月水位变化的时间序列与 NINO3 指数进行相关性分析，发现厄尔尼诺事件对我国西部气候的影响具有一定的滞后性[40]。

目前，国际上已有欧空局、美国农业部等多家机构在网上提供全球部分面积较大的湖泊和水库水位变化的卫星测高结果，常用的数据库有 RLH（River Lake Hydrology product）、GRLM（Global Reservoir and Lake Elevation Database）、DAHITI（Database for Hydrological Time Series of Inland Waters）以及 Hydroweb（Hydrology website）（见表 1.1）。RLH 由 ESA 和德蒙特福德大学联合研制的数据库（Zheng and Bastiaanssen，2013），主要利用 ERS1/2、Envisat 以及 Jason-2 卫星监测湖泊、水库、河流水位信息，该数据库为有经验的测高数据使用者和水文专家提供两种不同的产品。Hydroweb 由法国 LEGOS（Laboratoire d'Etudes en Oceanog CRETAUX raphie and Geode'sie Spatiale）研制，数据库收集了包括 ENVISAT、GFO（GEOSAT Follow-On）、T/P 系列卫星在内的全球观测数据（主要使用 T/P 数据的 200 个地点）和 150 个湖泊与水库[41, 42]。目前，Hydroweb 还提供了 27 个湖泊/水库的表面积和水量的月平均变化时间序列。GRLM 数据库由美国农业部（USDA：United States Department of Agriculture）与马里兰大学合作编制，该数据库主要利用 T/P 系列、GFO 以及 ENVISAT 卫星数据，以近乎实时的方式监测 228 个世界上最大的湖泊和水库的水位变化时间序列（即每周更新）用于运营应用。GRLM 中的每个湖泊/水库包含两个水位变化时间序列，即原始数据和以中值滤波消除异常值并降低高频噪声的平滑数据。DAHITI 是德国地质研究中心（DGFI：Deutsches Geod ϕ tisches. Forschungsinstitut Immunology）于 2013 年建立的水文数据库，目前已涵盖全球约 742 个河流、湖泊和湿地。数据库运用了多源测高卫星数据，具体包括 T/P、Envisat、GFO 以及 Cryosat-2 卫星。DAHITI 中水位时间序列的估算方法基于粗差剔除和卡尔曼滤波方法。此外，CNES 的 PISTACH（Production of Coastal and Hydrological）项目以及法国科学技术部资助的 CASH 项目（Contribution of Spatial Altimetry to Hydrology）分别对 Jason-2 和 T/P 数据重新处理，以改进内陆水域测高数据精度[43]。上述数据库均覆盖了全球一定数量的湖泊，然而其中涵盖的青藏高原地区的湖泊数量极其稀少，不能满足青藏高原地区湖泊水位监测研究的需要。

表 1.1 全球测高卫星数据湿地湖泊数据库

编号	名称	卫星	数量	网址
1	Hydroweb	En	63	http:// legos.obs-mip.fr/soa/hydrologie/hydroweb/
2	RLH	T/P	2	http：//earth.esa.int/riverandlake/
3	GRLM	T/P	9	http://pecad.fas.usda.gov/cropexplorer/global_reservoir/
4	DAHITI	T/P、EN	1	http：//dahiti.dgfi.tum.de/

在早期，由于卫星高技术的精度较差，对青藏高原湖泊研究应用多集中在少数几个湖泊。Hwang 等利用测高数据观测到拉昂错的水位从 1993 到 2001 年下降了 4 m，以及昂孜错水位从 1993 年到 1997 年下降，并在 1997 到 1998 年厄尔尼诺高峰之后转为上升[37]。Zhang 等结合 Envisat 和水位观测数据分析 2003—2009 年青海湖水位变化[44]，研究结果发现：由于参考基准的差异，测高观测的绝对高程比水位计观测结果高出 0.52 m，但是两者的相对水位变化基本一致。上述研究均显示测高观测技术成功完成了部分青藏高原湖泊的水位监测工作。随后，国内外多位学者利用几种测高系列卫星获取青藏高原湖泊长时间的水位变化。Hwang 等利用 T/P 系列测高数据分析了 23 个青藏高原湖泊中近 20 年来的水位变化，研究发现近 20 年来西藏东部和西部截然不同的湖泊变化特点，并指出湖泊水位变化很大程度受到季风的影响[45]。罗北利用 Envisat 和 Saral 数据确定了 33 个青藏高原湖泊的湖水位时间序列，观测精度达到分米级，结果显示其中大部分湖泊为水位上涨态势[46]。

上述使用的 T/P 和 ERS 系列卫星均是雷达测高卫星，其搭载高度计的雷达照射面积太大（约为 2 km），容易受到陆地影响，而 ICESat 卫星的激光测高系统的星下点半径仅有约 70 m，大大减少了地形的影响。大量学者利用 ICESat 数据观测整个青藏高原的湖泊水位变化，结果均发现大部分湖泊在 2003 到 2009 年期间为快速上升，所有湖泊的平均上升速度约为 20 cm/a[44, 47, 48]。ICESat 的轨迹间距远小于 T/P 和 ERS 系列卫星，能够覆盖更多的湖泊，其缺点是运行时间太短，无法分析长时间的水位变化。2010 年开始运行的 Cryosat-2 卫星的轨迹间距仅为 6 km，能够覆盖青藏高原中绝大多数湖泊。Kleinherenbrink 等首次运用 Cryosa-2 卫星的 SRAIn 模式数据计算青藏高原和天山地区 125 个湖泊的水量平衡，结果发现两个地区的湖泊水储量变化分别为$(+1.76 \pm 0.24)\,km^3/a$

和（ − 1.51 ± 0.11 ）km^3/a[27]。Jiang 等利用 Cryosat-2 数据分析青藏高原上 70 个面积大于 100 km^2 的湖泊水位变化，并结合 ICESat 卫星数据分析了 42 个湖泊从 2003 到 2015 年的湖泊变化[49]，研究结果表明：青藏高原北部湖泊明显上升[（+0.37 ± 0.10）m/a]，而南部的湖泊即使在高降水量的冰川盆地中也是稳定的或下降的。

Cryosat-2 卫星的轨道重复周期为 369 d，面积较少的湖泊每年仅有 1 ~ 2 次轨迹经过，因而 Cryosat-2 数据在多数湖泊仅能计算水位变化趋势，而不能反映季节性变化。比较博斯腾湖和拉昂错的 Cryosat-2 和 Jason-2 的水位数据，结果发现 Cryosat-2 数据的均方根误差分别为 0.26 m 和 0.55 m[27]。综上所述，各种测高卫星由于科学任务的不同均有一定的优势和缺陷。在青藏高原湖泊研究中，融合多种测高卫星数据可以发挥各种卫星数据的优势，获取更完整的湖泊水位变化信息。

1.2.2 遥感技术

在卫星观测技术出现之前，湖泊的水位和面积可以通过人工测量获取。由于湖泊处于动态的变化过程，水位计可以实时观测水位的变化，而湖泊面积的动态变化观测并不现实，尤其是面积较大或形状非常复杂的湖泊。过去通常的做法是用水位-面积关系建立模型，根据水文站观测数据推算面积的变化，这种方法的基础为累积大量的湖泊水位和周边地形数据，需要耗费大量的人力和时间成本。遥感技术的推出为湖泊变化研究提供了新的观测技术，遥感影像具有一定的空间和时间分辨率，具有低成本、全球覆盖等优点，可以在更大的空间范围和更长的时间尺度观测湖泊变化[50]。Wan 等使用的遥感数据包括青海省和西藏自治区的 CBERS 影像、Landsat ETM+影像和 1 259 幅地形图进行湖泊调查，研究结果显示截至 2005—2006 年左右，青藏高原湖泊总数为 1 055 个，占全国湖泊总数的 30%以上[51]。Zhang 等研究测试了主陆地卫星和中分辨率成像光谱仪数据以及分布在青藏高原不同气候区的 14 个大型湖泊（>500 km^2）的自动水体测绘方法；评估了湖泊面积的季节性变化和 Landsat 图像的数据可用性；结合近期中国高分辨率卫星，这些遥感影像将为研究青藏高原湖泊动态和长期湖泊演化提供丰富的数据[52]。

到目前为止，已经有大量的遥感卫星投入使用。自 20 世纪 70 年代初以来，中等分辨率的卫星图像已经可用于湖泊环境研究[53, 54]，并推出了传感器：陆地卫星多光谱扫描仪（MSS：Multispectral Scanner）、Landsat（Land Satellite）专题制图仪、增强专题制图仪（ETM +：Enhanced Thematic Mapper Plus）以及中国-巴西地球资源卫星（CBERS：China - Brazil Earth Resources Satellite）。随着光学成像技术的进步，遥感影像的分辨率和精度均取得了长足的进步，部分商业机构已推出具有亚米级空间分辨率的光学传感器，例如 Quick-bird，IKONOS 和 GeoEye-1，可提供与航拍相媲美的卫星图像，适用于提取精细的湖岸线，然而其影像尺寸较小、成本高昂以及几个月的重复观测周期时间限制了其在大规模环境监测中的应用。因而，中等分辨率的遥感影像为大规模环境监测中更为可行的选择。对于中等或高分辨率的光学图像，高原频繁的云覆盖条件使得难以获得关于高山湖泊变化的长期连续观测[55]。为了避免这个问题，一些研究提出使用国家海洋和大气管理局（NOAA：National Oceanic and Atmospheric Administration）先进的超高分辨率辐射计（AVHRR：Advanced Very High Resolution Radiometer）和中分辨率成像光谱辐射计（MODIS：Moderate Resolution Imaging Spectroradiometer）提供的时间序列图像来观测湖泊的季节性变化，但由于空间分辨率低，仅限于青藏高原上的几个大湖泊[48, 56]。因此，如何结合传感器的精细空间分辨率和高频重复观测，如通过图像融合或分解映射，是提供更有效的湖泊变化观测的关键解决方案。目前，Lansat 系列遥感卫星是运行时间最久且应用最广泛的遥感系列卫星，该系列的各卫星的运行时间如图 1.1 所示。

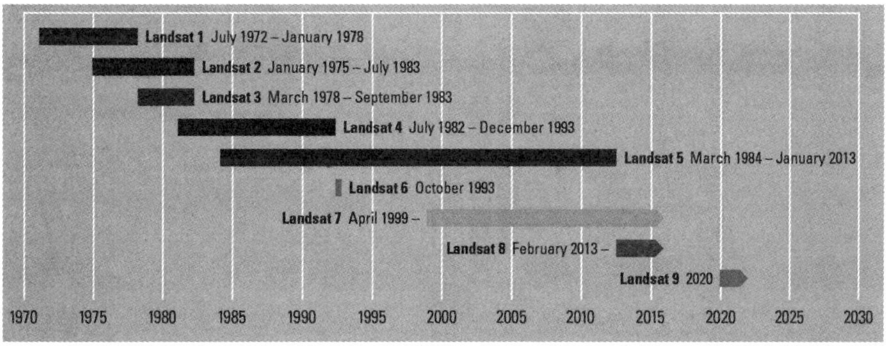

图 1.1 Landsat 系列遥感卫星近 50 年运行计划（引自 www.earthdatascience.org）

随着遥感观测技术日渐成熟，尤其是遥感影像分辨率的不断提高，能观测到的信息也越来越精细，国内大量学者利用遥感影像对湖泊的动态变化做了深入研究。闫立娟等通过 RS 和 GIS 等技术手段，从 Landsat 的 MSS、TM、ETM 三期遥感影像中，建立了我国盐湖空间数据库，并分析了面积较大的代表性湖泊的动态变化情况[57]。杨珂含等提出一种改进的半自动湖泊提取算法，结合中国的环境卫星（HJ-1A/1B）以及美国的 Landsat 系列遥感影像，分析了青藏高原内流区中面积大于 50 km^2 的湖泊的 2009—2014 年连续动态变化，并分析了该区域湖泊面积时空变化特征[58]。Zhang 等分析了已开发的遥感图像处理技术，包括高分辨率信息提取、超分辨率技术、高光谱图像处理和目标检测，以及一些人工智能方法，并探讨了基于人工智能算法处理高分辨率遥感影像进行地物分类的方法[59]。

当前，基于遥感影像解译提取水体信息的方法有很多种，常用的方法包括单波段法、多波段法、水体指数法等。单波段法主要选择特定的波段设置合适的阈值提取水体信息[60, 61]。单波段法虽然简单易行，但精度不高，而且该方法也容易造成水体信息的错配和遗漏[62]。多波段法则可分为谱间分析法[63, 64]和比值法[65]，主要利用多波段的优势综合提取水体信息。谱间分析法这种方法通常比较复杂；而比值法则根据不同地类在不同波段中的波谱特点，利用比值计算快速提取水体信息，但是这一方法无法彻底抑制与水体无关的背景信息。因此 Mcfeeters 等提出了归一化差异水体指数（NDWI）以解决这一问题，利用绿光波段与近红外波段的比例，最大程度抑制植被信息，突出水体信息，此方法可快速提取水体[66]。随后，在 NDWI 的基础上，徐涵秋提出了改进的归一化差异水体指数（MNDWI），采用中红外波段代替近红外波段，此方法在识别混合有建筑物水体特征时有较好的效果[67]。此外，机器学习和深度学习具有高精度识别、自动化、稳定性好等优点，上述人工智能算法也逐渐用于遥感影像的地物分类，尤其在高分辨率遥感影像处理中具有明显的优势。

在青藏高原及其他缺少实测数据的地区，遥感影像成为湖泊变化研究中不可替代的重要数据来源。万玮等以 Landsat TM/ETM+影像和地形图为数据源，分析了羌塘高原东南部部分湖泊的面积变化[68]，研究结果发现 1975—2005 年研究区域湖泊总面积扩大了 1 162.19 km^2，研究指出冰雪融水量的增加是湖泊扩张的主要原因之一。除多等利用遥感和 GIS 技术分析出近 40 年来雅鲁藏布江流域羊卓雍错的面积呈缓慢减少趋势[12]，并结合气象观测数据发现湖泊面积和降水变化存在显著的耦合关系，降水减少和流域蒸发量的增加应为羊卓雍错湖泊下降的主要原因[69]。遥感观测手段观测的湖泊变化与实测水文资料的结果高度一致，表明遥感技术是湖泊变化的有效观测手段，为缺少实测数据的湖泊变化研究提供了新的资料。国内多位学者先后利用遥感影像分析了近年来青藏高原湖泊的总面积变化，结果均显示青藏高原湖泊整体呈扩张态势；董斯扬等提取了青藏高原 1970s、1990s、2000s 及 2010s 4 个时段的湖泊面积信息，发现 2000—2010 年湖泊扩张速度最快，北部的湖泊变化明显高于其他地区[70]；车向红等的研究进一步指出 2000—2013 年青藏高原湖泊面积增加速度约为 490.98 km^2/a[71]。青藏高原的湖泊变化和冰川融水存在着紧密的联系，鲁安新等利用航拍照片和遥感资料，分析了青藏高原典型地区的冰川湖泊变化情况，研究结果指出以冰川融水补给的多数湖泊为扩张趋势，以降水为主要补给的湖泊则为全面萎缩状态[72]。上述研究充分说明借助遥感影像观测青藏高原湖泊动态变化等具有可行性。

1.2.3 卫星重力

卫星重力技术是陆地水资源监测的另一空间大地测量手段。由美德合作实施的 GRACE（Gravity Recovery and Climate Experiment）计划提供了时间分辨率为 1 个月的地球重力场模型时间序列，时变重力场反映了非大气、非海洋的质量变化，这种变化在较短的时间尺度上常被认为是陆地水储量变化引起的[73]。GRACE 数据产品在区域水循环研究中得到广泛应用，如流域陆地水储量的季节和年际变化。胡小工等利用 GRACE 数据分析长江流域水储量变化，结果表明长江流域水储量周年变化幅度约为 3.4 cm 等效水高[74]。杨元德等利用 GRACE 和水文模型研究全球水储量变化，研究发现 2006 年后陆地水储量年际变化明显增加[75]。随后，国内学者先后利用 GRACE 研究了我国典型区域的水储量变化。曹艳萍等利用 GRACE 重力测量卫星数据反演黑河流域 2003—2008 年间的地下水时空变化，解决了当地缺乏地下水观测井导致的水文数据空白问题[76]。与该区域实测地下水变化数据进行对比分析，结果显示二者之间相关性较好，在一定程度上表明 GRACE 数据具备反演整个黑河流域水储量变化及其各个组分的能力。罗志才等利用 2002—2013 的时变重力场模型 GRGS-EIGEN-GL04，采用去相关滤波 P3 M6 与 300 km 高斯滤波相结合的滤波方法反演了黑河流域陆地水储量变化[77]，实验结果表明：黑河流域陆地水储量和地下水储量均呈现长期减少趋势。刘任莉等通过 GRACE 数据中心发布的月平均重力场模型，反演了中国陆地水储量变化，并结合气象和水利部门的相关实测资料，重点对西南区域的水储量变化进行了分析[78]。尼胜楠等利用 GRACE 时变地球重力场数据反演长江、黄河流域的水储量变化，并对比水文模型研究其季节性和年际变化特征。研究表明利用 GRACE 时变重力场可以监测全球陆地水储量的变化，其监测能力可揭示厘米级等效水高变化[79]。李爱华等利用 GRACE 卫星时变重力场模型以及黄河中游地区的水文数据[80]，通过水循环系统的概化、子流域划分以及 Mann-Kendall 非参数检验等方法，对黄河中游地区以及各个子流域水储量变化进行研究，研究从水循环的角度发现了该流域水储量增加的主要来源是地区径流流失的减少。

随着 GRACE 观测周期的增加，有学者开始尝试利用 GRACE 获取的陆地水储量变化与实测的土壤和地下水比较，结果表明两者的季节性和年际变化基本相符。在陆地水量平衡研究中，涉及径流、降水、蒸发、渗漏、积雪变化等参量，而这些因素在实际中大多难以测定，只能通过模型计算。由 GRACE 数据确定的水储量变化包含了流域或湖盆内所有水资源（地表水、土壤水、地下水、积雪等）的整体变化，成为水量平衡研究的重要数据源。

卫星测高可以确定湖水位变化，结合遥感影像获取的湖泊面积可以准确计算出湖泊水储量变化，而 GRACE 可以用来计算湖泊集水区的水储量变化，这两个量都是湖盆系统水量平衡研究中的关键参数，因此，联合卫星测高、遥感和 GRACE 数据有助于建立湖盆系统的水量平衡模型，增进对湖盆系统动态水文过程及其与气候变化的认识。Becker 等联合 GRACE、卫星测高和降雨量数据研究维多利亚湖等几个东非大的湖盆系统的水文特征（总蓄水量、湖泊水量和降雨量）及其时空变化[81]；研究发现 GRACE 获取的陆地储水量 （TWS）和降水数据 在年际时间尺度上显示出一种常见的变化模式，并且陆地水储量变化时序与印度洋偶极子（Indian Ocean Dipole）和厄尔尼诺-南方涛动（El Niño-Southern Oscillation）存在密切的联系。Hwang 等利用 GRACE 和测高资料计算了贝加尔湖、巴尔喀什湖的水位变化和水储量变化，并初步分析了湖泊水储量变化与气候变化的关系[82]；该研究有助于建立两个湖泊的水量平衡，为湖泊变化关键驱动因素的定量研究提供了科学数据。

1.2.4 当前卫星观测技术的不足

空间大地测量技术在湖泊变化监测与水量平衡研究中展现了巨大潜力，并取得了丰富的研究成果，如表 1.2 所示。但上述多种卫星观测数据的精度、时空分辨率、数据稳定性等因素均会影响卫星数据的有效利用，地面实测数据的缺乏为精度评定工作造成影响，基于卫星观测数据的青藏高原湖泊研究仍存在许多挑战。现有卫星观测计划的固有缺陷以及研究工作的不足总结如下。

表 1.2 卫星观测技术在青藏高原湖泊水位监测相关研究成果

技术	时间	区域	数值	作者
Qinghai、Elin、Nam、Siling	Liao，2014、Tseng，2011、Lee，2011、Alerbt，2016、Chen，2009、Mugler，2010、Zhang，2011、Thomas，2012、Jan，2012、Song，2015、Zhao，2016、Yi，2015、Zhou，2016、Tong，2016			
Landsat\GPS	2000—2010	青藏高原中部	0.18 m/a	Kai，2012
T/p family	1992—2014	23	（－0.35－0.43）m/a	Hwang，2016
ICESat	2003—2009	154	0.20 m/a	VH Phan，2011
	2003—2009	111	（0.23－0.27）m/a	Zhang，2011
	2003—2014	122	（0.19±0.03）m/a	Song，2015
	2003—2009	105	（0.30±0.30）m/a	Song，2014
Cryosat-2	2012—2014	125	（1.76±0.24）Gt/a	Mer，2015
Multi-Altimeter	2002—2012	51	0.201 m/a	Liao，2013
Multi-satellite	1990—2011	青藏高原	（92.43 km^3）	Song，2013
GRACE	2003—2012	柴达木盆地	20.6 km^3	Jiao，2015
	2003—2009	青藏高原	（+2.5±2.2）Gt/a	Jiang，2016
	2003—2013	青藏高原	（0.3±0.08）μGal/a	Liu，2015
	2003—2014	青藏高原	（16.43±1.65）	Wang，2016
	2003—2014	中亚	（－4.0±0.7）Gt/a	Yi，2016
Modis、Landsat	2003—2012	青藏高原	491 km^2/a	Kropacek，2013、Wan，2014
	1972—2010	青藏高原南部	Glacier－22%，lake +173%	Wang，2013
	1970—2008	10		Liao，2012

第一，由于受陆地反射条件的影响，内陆水体的卫星测高观测精度远低于海洋表面，利用测高技术观测的湖泊多为面积大于 100 km^2 的湖泊。对青藏高原湖泊的研究甚少，仅有昂孜错、拉昂错和青海湖[37，83-85]等少数几个湖泊的水位变化及其与气温、降雨的相关性研究有成果发表，主要原因是青藏高原地形复杂，而且大多数湖泊面积较小，不利于提取高精度的测高数据。此外，高原湖区的大气改正等误差也较大，例如 Cretaux 等研究发现在伊斯库尔湖 T/P、ENVISAT、Jason-1 等卫星的 GDR（Geophysical Data Records）数据中给出的干对流层改正数是错误的[41]。综上表明，卫星测高数据在高原湖泊的数据精度和可靠性仍有待提高，需要针对青藏高原湖泊特点，进行系统的测高数据精化处理研究。

第二，测高数据的时间分辨率和轨迹呈反比，轨道的重复周期越短，相邻轨迹间距就越大，反之轨迹间距越小，轨道重复周期越长，这说明测高卫星的时间分辨率和空间分辨率不能同时兼顾。融合多源测高卫星数据在一定程度上缓解了这个矛盾，然而由于不同测高卫星的参考基准和参考框架均不尽相同，在数据处理前先将测高数据统一成一致的参考基准[86]。Liao 等利用稳健最小二乘法和系统偏差校正算法，剔除异常水位和系统偏差，得到准确的湖水位时间序列；然后利用奇异谱分析（SSA）算法从准确的湖面时间序列中提取有效涨落信号，获取了分米级的湖泊水位数据[87]。Li 等提出了一种自动高效的大范围湖泊水足迹（LWF）检测算法，利用湖泊上相同时段的水位数据计算不同测高数据的高程偏差，将 ICESat 和 Envisat 数据进行融合，获取了 67 个青藏高原湖泊的长时间湖水位时间序列，平均标准偏差为 0.088 m[88]。然后，部分小面积湖泊无法满足足够的重复观测数据，无法有效分析不同测高卫星的系统偏差，该方法不具备普遍适用性，针对复杂的高原湖泊测高数据融合问题仍有待进一步研究。

第三，遥感影像数据可以每 16 天观测一次湖泊的面积变化，时间间隔远大于单一的测高卫星数据，并且遥感影像易受天气影响，高原地区常年多云雾，实际可用的遥感影像会大幅减少，从而造成了遥感获取湖泊面积数据分辨率不高的问题。此外，利用遥感影像提取湖泊面积具有一定的主观性，选取的提取方法和参数都会对结果造成较大影响。遥感影像的判读过程较为复杂，常要进行人工检查以保证精度，这大大增加了数据处理的时间成本。

第四，GRACE 的空间分辨率通常被认为是 400 km 左右，GRACE 多用于面积较大的流域以及部分质量变化较大的区域，如三峡库区、华北平原等[89-91]。在青藏高原地区，GRACE 探测的是质量变化，在青藏高原地区质量变化包含了许多因素的贡献，如冰雪融水和降水等水文信号、冻土层变化，也可能包含板块运动或者冰后回弹等信号。

综上所述，为了获取高精度的青藏高原湖泊变化数据，并实现尽可能广泛的湖泊覆盖，不管是卫星测高、遥感影像还是 GRACE 时变重力场资料都需要更精细的数据处理。

1.3 本书研究内容

湖泊是地球淡水资源的重要载体，与人类的生活和经济发展息息相关。青藏高原是亚洲多条大河的发源地，青藏高原地区的湖泊对于河流的水量调节起着重要作用，青藏高原湖泊的研究对于掌握水资源情况和可持续发展有着重要意义。监测青藏高原湖泊有助于提高高原湖区灾害监测与预警能力。青藏高原被称为全球气候的驱动机和放大器，青藏高原湖泊对气候变化极其敏感。由于青藏高原湖泊受人类活动的影响很小，湖泊真实记录着气候和环境变化的信息，因此青藏高原湖泊成为研究气候变化的关键和热点地区。准确理解湖泊动态变化与气候的响应关系，可以提高我们对高原气候和环境变化的认识。

由于受自然和经济条件的限制，青藏高原多数湖泊中没有长期的实测资料，阻碍了该地区的湖泊水文相关研究，本书尝试利用多源卫星测高数据获取青藏高原多数湖泊水位的时间序列，利用遥感影像获取湖泊面积变化，并结合两种卫星数据估算青藏高原湖泊水储量变化；联合多源卫星数据分析青藏高原湖泊的水量平衡；结合气象资料分析青藏高原湖泊对气候变化响应。本书各章节的主要研究内容如下：

第 1 章首先介绍了青藏高原湖泊变化研究的意义，分别介绍了卫星测高、遥感影像和卫星重力技术的发展及其在青藏高原湖泊研究中的应用，简要分析比较各种卫星观测手段的优缺点，并指出联合多源卫星技术研究湖泊变化的优势以及技术难点。

第 2 章介绍了卫星测高原理，包括测高技术获取海面高的基本原理、卫星测高数据的地球物理和环境改正项、卫星测高数据预处理方法，以及详细介绍现行及退役的多种测高卫星任务。

第 3 章首先介绍了波形处理技术对测高数据精度提高的作用，简要介绍了经典波形重跟踪方法及其在水陆交界处受到的“陆地污染”影响；提出利用波形净化技术处理水陆交界处的测高波形，选取适当的波形重跟踪算法对净化后波形进行重跟踪改正；选取近海作为实验区域，比较了本书提出方法与已有的重跟踪方法及成熟近海测高产品的表现；针对内陆湖泊的特点，提出改进的波形净化技术，并以部分青藏高原湖泊为算例验证其精度。

第 4 章首先介绍了内陆湖泊中融合多源卫星观测数据的方法；制定了测高数据的自动化数据处理方案，实现了内陆水域测高数据的批量提取、自动生成水位时间序列，并计算湖泊水位变化趋势；简要介绍了遥感数据，利用水体因子计算湖泊面积及其变化趋势；研究了联合测高和遥感数据计算湖泊水储量方法，并以昂孜错为例计算 1992—2015 年湖泊水位、面积和水储量变化；介绍了利用卫星重力观测陆地水储量变化的原理，消除条带误差的空间滤波方法以及旨在恢复 GRACE 信号的尺度因子法。

第 5 章简要介绍了青藏高原的地理和气候特征，并介绍了研究区域中的多源测高数据、遥感影像和卫星重力资料；分析比较了根据测高和遥感数据计算的青藏高原湖泊的水位和面积变化的时空特征；结合上述两种卫星数据对湖泊水储量变化进行定量计算，与卫星重力观测的陆地水储量变化比较，并简要分析了湖泊变化的因素。

第 6 章利用气象观测资料分析青藏高原湖泊对气候变化响应，着重分析冰川冻土分布、降水-蒸发和温度对水位变化趋势的关系，并简要比较了不同时段降水-蒸发和冰川、冻土融水对湖泊水储量变化的贡献。

第 7 章系统地介绍了 2011 年可可西里地区东北部的卓乃湖出现罕见的湖泊溃堤相关研究，利用 Crysoat-2 和 Landsat 遥感影像，分析了卓乃湖溃堤事件中流域内 4 个湖泊的水位和面积变化，并联合两种卫星数据获取了卓乃湖流域的湖泊水储量变化时间序列。提出了一种联合测高、遥感和 DEM 等数据的湖泊水储量估算方法，实现测高观测的水位数据和遥感观测的面积数据的互相插值，从而获取了 2009—2016 年卓乃湖流域内各湖泊的每月湖泊水量时间序列，简要分析了卓乃湖溃堤的原因以及卓乃湖溃堤前后整个湖泊的水储量平衡。

第 8 章总结全书的主要研究内容和研究结论，同时回顾本书研究中的不足之处，并提出后续的研究问题。

第 2 章
卫星测高基本原理

2.1 卫星测高测量海面高原理

卫星测高的基本原理是：星载雷达测高计由天线沿垂直方向海面发射雷达脉冲信号，脉冲信号到达海面后反射回卫星的接收机，精确测定出脉冲信号发出到接收的时间间隔，信号在真空中传播的速率 c 为已知项，因而卫星到瞬时海平面的距离 R 可以精准测定[92]，公式如下：

$$R = c \cdot \frac{\Delta t}{2} \tag{2.1}$$

通过卫星搭载的传感器可以精确确定轨道的位置（图 2.1），即卫星相对于参考椭球的高度 H_{alt} 已知，所以海平面到参考椭球的高度 SSH 也可以计算出来：

$$\text{SSH} = H_{\text{alt}} - R \tag{2.2}$$

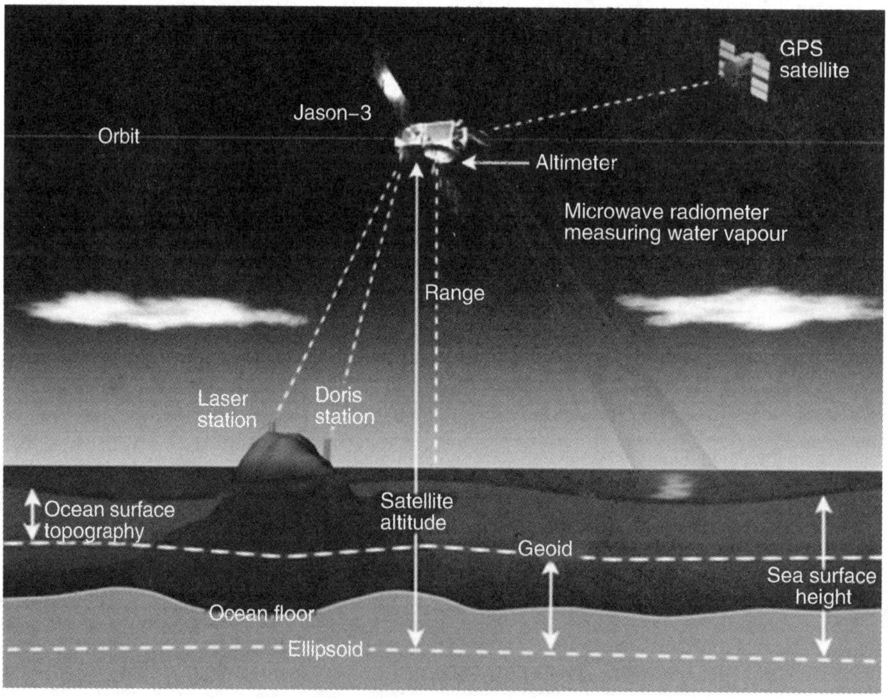

图 2.1　卫星测高观测海面高原理（https：//zh.wikipedia.org/wiki/）

考虑到卫星的测高计观测值中包含了仪器误差、大气传播延迟、地球物理改正等多个误差因素，因此准确地确定并改正各项误差是获得高精度海面高的关键。考虑到上述客观存在的误差因素，海面相对于参考椭球的高度 SSH 公式可以修改如下：

$$\begin{cases} \mathrm{SSH} = H_{\mathrm{alt}} - R - (\delta_{\mathrm{ins}} + \delta_{\mathrm{geo}} + \delta_{\mathrm{envi}}) \\ \delta_{\mathrm{ins}} = \varDelta_{\mathrm{antenna}} + \varDelta_{\mathrm{uso}} + \varDelta_{\mathrm{doppler}} + \varDelta_{\mathrm{path}} \\ \delta_{\mathrm{geo}} = \varDelta_{\mathrm{solid}} + \varDelta_{\mathrm{ocean}} + \varDelta_{\mathrm{pole}} + \varDelta_{\mathrm{seastate}} \\ \delta_{\mathrm{envi}} = \varDelta_{\mathrm{dry}} + \varDelta_{\mathrm{wet}} + \varDelta_{\mathrm{iono}} + \varDelta_{\mathrm{inv}} + \varDelta_{\mathrm{hf}} \end{cases} \tag{2.3}$$

式中：$\varDelta_{\mathrm{antenna}}$ 为天线相位中心改正；$\varDelta_{\mathrm{uso}}$ 为 USO 频移改正；$\varDelta_{\mathrm{doppler}}$ 为多普勒频移改正；$\varDelta_{\mathrm{path}}$ 为多路径误差改正；$\varDelta_{\mathrm{solid}}$ 为固体潮改正；$\varDelta_{\mathrm{ocean}}$ 为海潮改正；$\varDelta_{\mathrm{pole}}$ 为极潮改正；$\varDelta_{\mathrm{seastate}}$ 为海况偏差改正；$\varDelta_{\mathrm{dry}}$ 和 $\varDelta_{\mathrm{wet}}$ 为对流层干湿分量改正；$\varDelta_{\mathrm{iono}}$ 为电离层延迟改正；$\varDelta_{\mathrm{inv}}$ 为逆气压改正；$\varDelta_{\mathrm{hf}}$ 为高频海风改正。

2.2　卫星测高数据误差分析

由于受到星载设备误差、大气传播、海洋环境等因素的影响，测高数据存在许多的误差项，这些误差必须进行精确的改正才能得到精确的海面高。对于客观存在的误差项要进一步研究梳理，掌握其变化特性，从而采取针对性的方法进行改正。为了改正这些可能的误差项，卫星上搭载的传感器进行观测，如微波辐射计监测大气中的水汽含量，以改正对流层湿分量影响；有的误差项可以通过建立经验公式或者物理模型进行改正，如通过海面的纬度和平均气压计算对流层干分量改正等。

2.2.1　地球物理改正项

潮汐是影响卫星测高的重要误差来源，包括固体潮、海潮以及极潮三项。固体潮和海潮都与月球太阳对地球的引力变化有关，极潮是由于地球自转的变化而引起的。海潮改正可以根据实测数据进行分析，固体地球和极潮的改正是独立于沿海地区的，通常是用封闭的数学公式推导出来的。

在月球和太阳对地球的引力不但可以引起地球表面流体的潮汐（如海潮、大气潮），还会导致地球固体部分的周期性形变。这种日、月引潮力的作用下，固体地球发生的周期形变的现象就成为固体潮。地球固体潮可以通过测量地球形状和质量分布的周期性变化得到，也可以通过观测地球表面重力变化和地壳内部应力变化得到。

海潮改正包括弹性海潮改正和负荷海潮改正，两种海潮改正都可以根据潮高进行计算，海潮的高度是多个海潮组分的总和：

$$\varDelta_{\mathrm{ocean1}} = F_i \cdot [A_i(\varphi,\lambda)\cdot\cos(\varphi_i) + B_i(\varphi,\lambda)\cdot\sin(\varphi_i)] \quad (i = 1,\dots,N) \tag{2.4}$$

式中：$\varphi_i=\sigma_i t+X_i+U_i$；$F_i$为潮汐的振幅；$U_i$为潮汐的相位；$X_i$为天文潮汐改正；$\sigma_i$为潮汐频率；$A_i(\varphi,\lambda)$和$B_i(\varphi,\lambda)$分别为根据海潮模型给出的输入谐波系数图，在高度计位置进行双线性插值数据。负荷海潮与弹性海潮的计算方法类似，测高卫星的 GDR 产品提供的 CSR、FES 和 GOT 三种海潮模型进行改正。

极潮是海洋表面的一种潮汐运动，它是固体地球和海洋对由地球旋转轴的微小扰动所产生的离心力的响应。这些扰动的周期为 433 天或者 1 年（称为 Chandler 摆动）。如果我们知道极点的位置，极点潮流就可以计算[93]：

$$\varDelta_{\text{pole}}=\text{amp}\cdot\sin(2\varphi)\cdot(x_{\text{pole}}-\overline{x}_{\text{pole}})\cdot\cos(\gamma)-[(y_{\text{pole}}-\overline{y}_{\text{pole}})\cdot\sin(\gamma)] \qquad (2.5)$$

式中：amp = －69.435，$\overline{x}_{\text{pole}}=0.042$，$\overline{y}_{\text{pole}}=0.293$是 T/P 时期极点位置的平均值，$X$轴是 IERS 参考子午线的方向，$Y$轴在西经 90°方向，极潮计算遵循 1995 年 IERS 年度报告大会相关要求。

通常雷达高度计观测的海面高指的是海面的平均高度，由于海面波谷反射脉冲的能力不同于波峰，因而实测的海面高趋向于波谷，这种偏移就叫作海况偏差。根据大量的统计结果得出海况偏差与有效波高的线性关系为$\varDelta_{\text{seastate}}=-0.04\cdot\text{SWH}$。海况偏差还取决于风场和不同的波浪类型。因此，引入了由 4 个参数组成的更先进的参数模型来描述海况偏差[94, 95]。该模型通常被称为 BM4 模型：

$$\varDelta_{\text{seastate}}=(a_1+a_2U+a_3U^2+a_4\text{SWH})\text{SWH} \qquad (2.6)$$

式中：$\varDelta_{\text{seastate}}$是海况偏差；$a_i$是模型参数；$U$是从后向散射系数计算的风速；SWH 是有效波高。这个公式给出了总的海况偏差改正，包括电磁偏差、倾斜偏差和仪器跟踪误差等因素。

2.2.2 环境改正项

环境改正指的是雷达波在传播途中受到传播媒介的影响而产生的折射、散射甚至延迟。其中包括电离层、对流层、逆气压以及海风等因素。

对流层指的是地球表面往上延伸 40 km 的大气空间，雷达波经过这一空间时，由于大气折射的影响，传播路径会发生弯曲，进而导致测距信号延迟。对流层改正由干分量和湿分量两部分组成。其中，干分量指的是大气压变化引起的大气折射对信号传播的影响。干分量改正是数值最大的一项改正量，在雷达波测距中不能被忽视。在南纬 80°区域附近，气压约为 980 mbar（1 mbar = 100 Pa），干分量改正约为 223 cm；在赤道附近，大气压约为 1 010 mbar，相应的距离改正约为 2.3 m；其他区域的干分量改正则在 225 ~ 235 cm 区间。干分量改正与纬度和气压有关，可以近似成下面的表达式：

$$\varDelta_{\text{dry}}\approx-0.222\,74P_0(1+0.000\,26\cos2\varphi) \qquad (2.7)$$

式中：Δ_{dry} 为干分量改正（cm）；P_0 为海面大气压（mbar）；φ为纬度。当气压估计的偏差超过 5 mbar 时，测距误差约为 1.1 cm。距欧洲 ECMWF（European Centre for Medium Range Weather Forecasts）以及美国 NCEP（National Centers for Environmental Prediction）联合计算的结果表明，1993—1997 年大气压测量的标准差为 2 ~ 7 mbar，因而干分量改正的精度能达到 1 cm。

虽然对流层湿分量干扰幅度小于干分量干扰幅度，但对流层湿度的校正比较复杂，时间和空间变化较快，因此在沿海地区也需要引起高度重视。湿分量改正主要与对流层中的水汽和液态水有关，其中水汽的影响更大。水汽距离改正的可以如下公式简单表达：

$$\Delta_{wet} \approx 636\int \sigma_{vap}(z)\mathrm{d}z \tag{2.8}$$

式中，σ_{vap} 为水汽密度。该公式是对空气中水汽密度在垂直方向的积分，以估计水汽含量。水汽密度可以通过测高卫星中搭载的微波辐射计观测的亮温数据估计。例如：Jason-1 微波辐射计（JMR）测量 18.7、23.8 和 34.0 GHz 三个信道下的最低点亮度温度：水汽信号由 23.8 GHz 信道检测，而 18.7 GHz 信道消除表面辐射（风速影响），并且 34 GHz 信道消除了其他大气贡献（云层覆盖影响）[96]。另外，还可以通过地面观测的水汽密度进行积分，建立大气模型如 NCEP、ECMWF 等加以改正。

电离层位于大气层上方，为地球表面向上延伸 40 ~ 70 km 的空间。当雷达波信号穿过电离层时，与电离层中的自由带电离子减慢了信号的传播速度，信号传播子之间的相互作用导致波的减速量与电离层中的电子密度成正比。因此，高度计雷达脉冲通过电离层的总延迟时间与从地球表面到高度计的单位面积的电子数成正比。该柱状电子密度计数被称为总电子含量（Total Electron Content，TEC）。TEC 单元或 TECU 等于 1 016 个电子/m^2。电离层校正（延迟的负值）也与雷达频率的平方成反比：

$$\Delta_{iono} = -k \cdot \mathrm{TEC} / f^2 \tag{2.9}$$

式中，k 为常数 0.402 5，在约 13.6 GHz 的 Ku 波段频率下，这意味着每个 TEC 单元的电离层延迟约为 2 mm[97]。电离层路径延迟也可以从双频 DORIS（Doppler Orbitography and Radiopositioning Integrated by Satellite）测量中推断出来，但由于 DORIS 观测所需的时空内插以获得最低点测量，所以精度要低得多。从 T/P 卫星开始，测高卫星都采用了双频微波观测，比较 Ku 波段和 C（或 S）波段的回波的时间差可以估计电子总量，并由此确定电离层改正量。利用 T/P 测高卫星双频微波观测得到的 TEC 计算得到测距误差大约为 1.5 cm。

大气压每增加 1 mbar 会使海面下降约 1 cm，这种效应被称为逆气压效应。瞬时逆气压对海面高度的影响可以根据地面大气压力计算：

$$\Delta_{inv} = -9.948 \cdot (P_{atm} - P) \tag{2.10}$$

式中：逆气压改正 Δ_{inv} 的单位为 mm；比例因子 – 9.948 是中纬度地区逆气压效应的经验值[98]；P 是海洋表面大气压力的均值，T/P 数据产品提供了以 1 013.3 mbar 的恒定平均压力为参考逆气压计校正。

高频海风改正 Δ_{hf} 是对逆气压改正的补充，这种高频校正可以被认为是从 Δ_{inv} 的偏离。这个动态改正可以利用 ECMWF 风场和压力场的全球正压有限元模式计算的[99]。在各卫星的 GDR 产品中提供相关参数进行改正。

除了环境改正、地球物理改正项等因素外，测高卫星搭载设备的测量误差也是一项重要的误差源。仪器误差主要指的是信号跟踪器系统偏差、天线相位中心偏差、USO 频移异常、多普勒频移等。

2.3 卫星测高数据预处理

2.3.1 卫星测高标记和质量检查

卫星测高的数据标记由三部分组成：仪器标记（开/关）、遥测标记（初步标记和编辑）和数据质量标记（地球物理处理标记）。

（1）仪器标志提供有关卫星上各种仪器状态的信息。

（2）遥测标志首先基于仪器模式和遥测数据质量检查。仅不处理严重损坏的数据。标志设置旨在将最大量的数据输入传感器数据记录（SGDR 产品的一部分）。只有当高度计处于跟踪模式时，科学数据才会被处理。

（3）质量标志是根据对数据本身进行平滑或拟合后的残差进行的各种统计检查确定的。如果检测到数据中存在间隙，或残差超过预定阈值，或者如果数据梯度超过预定阈值，则设置这些标志。

2.3.2 数据编辑准则

以下编辑标准是从 Jason-1 的 GDR 数据为例，介绍良好测高数据记录以计算 Ku 波段范围内的海平面异常的指南。 用户应在使用这些标准之前查看这些标准，并可能希望对其进行修改。

首先，检查以下条件以仅保留海洋数据并删除任何错误、丢失或标记的数据（请注意，参数按它们在数据记录中出现的顺序列出）。

```
surface_type = 0                           /* open oceans or semi-enclosed seas */
alt_echo_type = 0                          /* ocean-like */
rad_surf_type = 0                          /* ocean */
qual_1hz_alt_data = 0(all bits)            /* Ku band range is good */
qual_1hz_alt_instr_corr = 0(all bits)      /* Ku band range instrument correction is good */
qual_1hz_rad_data = 0 (all bits)           /* brightness temperatures(all channels) are good */
```

orb_state_flag = 3　　/* adjusted(preliminary/precise)orbit */

altitude　　不等于默认值

range_ku　　不等于默认值

model_dry_tropo_corr　　不等于默认值

rad_wet_tropo_corr　　不等于默认值

iono_corr_alt_ku　　不等于默认值

sea_state_bias_ku　　不等于默认值

mss　　不等于默认值

inv_bar_corr　　不等于默认值

ocean_tide_sol1　　不等于默认值

solid_earth_tide　　不等于默认值

pole_tide　　不等于默认值

ecmwf_meteo_map_avail = 0　　/* ECMWF meteorological map available */

tb_interp_flag = 0 or 1　　/* radiometer interpolation flag is good */

rain_flag = 0　　/* no rain */

ice_flag = 0　　/* no ice */

interp_flag bit 0 = 0　　/* mss interpolation flag is good */

interp_flag bit 1 = 0　　/* ocean_tide_sol1 interpolation flag is good */

interp_flag bit 3 = 0　　/* meteorological data interpolation flag is good */

除了检查以上条件外，还建议按如下方式过滤数据，只保留最有效的数据：

可用数据量(range_numval_ku)> 10

0 mm < RMS of 1/sec range (range_rms_ku) < 200 mm

-130 000 mm < (轨道高度 – ku 波段测距值) < 100 000 mm

-2500 mm < 对流程干分量改正 (model_dry_tropo_corr) < -1900 mm

-500 mm < 对流程湿分量改正 (rad_wet_tropo_corr) < -1 mm

-400 mm < 电离层改正 (iono_corr_alt_k) < 40 mm

-500 mm < 海况偏差改正 (sea_state_bias_ku) < 0 mm

-5000 mm < 海潮改正 (ocean_tide_sol1) < +5000 mm

-1000 mm < 固体潮改正 (solid_earth_tide) < +1000 mm

-150 mm < 极潮改正 (pole_tide) < +150 mm

0 mm < 有效波高 (swh_ku) < 11 000 mm

7 dB < sigma naught (sig0_ku) < 30 dB

0 m/s < 高度计风速 < 30 m/s

-0.2 deg2 < square of off nadir angle from waveforms (off_nadir_angle_ku_wvf) < 0.16 deg2

要将研究限制在深水中，请使用测深参数(以米为单位的海洋深度)应用一个限制，例如 1 000 m 或更大的水深。额外的经验测试可用于改进数据编辑和删除虚假数据：

-2 m < 有效波高差异(swh_c - swh_ku) < 2 m

swh_rms_ku / (MAX(swh_ku,1))1/3 < 18

swh_rms_c / (MAX(swh_ku,1))1/3 < 44

range_rms_ku / (MAX(swh_ku,1))1/3 < 100

range_rms_c / (MAX(swh_ku,1))1/3 < 170

sigma0_rms_ku < 0.22 dB

sigma0_rms_c < 0.26 dB

2.4 多源测高卫星介绍

自第一颗搭载高度计发射至今已经过 40 多年，测高卫星发展日益成熟，早期的测高卫星有太空实验室 Skylab、Seasat、Geosat 等，目前仍在运行的有 Jason-2、Jason-3、SARAL 和 Cryosat-2 等（图 2.2）。按计划实施的测高卫星有 Sentinel-3、Jason-CS、SWOT 等。测高卫星已广泛应用于大地测量、地球物理研究等领域。本书研究运用的数据都是能够重复观测且精度可靠的测高数据，主要包括 Topex 系列、ERS 系列、GFO、ICESat 和 Cryosat-2。下面对这些卫星数据进行简要的介绍，相关卫星参数见表 2.1。

表 2.1 本书中运用到多源测高卫星简介

卫星		GFO	T/P、Jason1/2/3	ERS-1、ERS-2	Envisat	Saral	Cryosat-2	ICESat
机构		美国海军	NASA CNES	ESA	ESA	CNES ISRO	ESA	NASA
发射时间		1998-2—2008-12	1992-8—2001	1991-6—2011-7	2002-3—2012-6	2010-4—2013-6	2010-6 至今	2003-2—2009-10
有效载荷		RA	LRA、GPSDR、TRSR、JMR	RA、ATSR、MWS、LRR	RA-2、MWR、DORIS、LRR	Altika、Argon、DORIS	SAR、SIRAL、DORIS、LRR	GLAS
质量/kg		410	500	2 384	8 211	400	720	970
轨道参数	长半轴/km	7 179.0	7 714.4	7 159.5	7 159.5	7 159.5	717	6 970
	离心率		0.000 095	0.000 104 2	0.001 17 0.000 17		0.001 3	
	倾角/(°)	108	66.039	98.543	98.55	98.55	92.03	94
	轨道高/km	800	1 336	782	799.8	800	717	590
	重复周期/d	17.05	9.915 6	3/35/168	35	35	369	183
	轨道数	484	254	1 002	1 002	1 002	10 709	2 723
	轨迹间距/km	165	315	80	80	75	6	
	速度/(km/s)		7.20	7.45	7.45	7.47		
发射频率/GHz			Ku: 13.575 C: 5.3	Ku: 13.8 Ku: 13.65	Ku: 13.575 C: 5.3	Ka: 35.75		
总采样数		64	64/104	64	128	128	128/512	
采样中点		24	24/32	46	46	46	—	
测高精度/cm		3.5	3.3/2.5	10	10	10	—	10

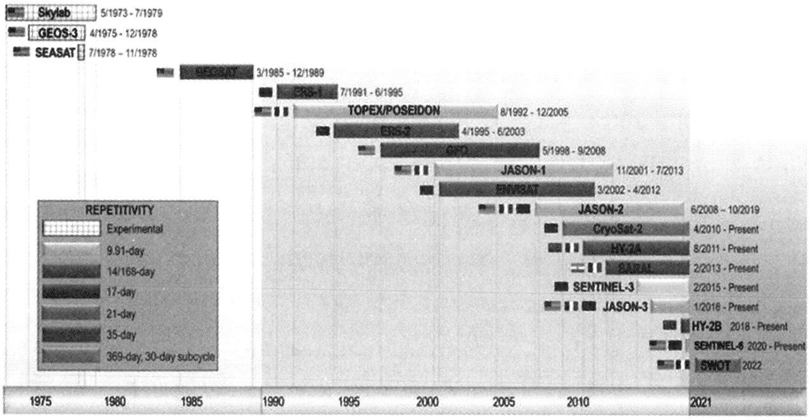

图 2.2　近 40 年多源测高卫星观测（www.intechopen.com/chapters/76245）

2.4.1　T/P 系列卫星

TOPEX/POSEIDON（T/P）测高卫星是美国太空总署（National Aeronautics and Space Administration，NASA）与法国国家太空研究中心（National Centre for Space Studies，CNES）联合研制的海洋观测卫星，从 1992 年发射至 2006 年结束任务，总共进行了 13 年的观测任务。T/P 卫星上搭载了 NASA 研制的双频雷达测高计 NRA（Ku 波段和 C 波段，频率分别为 13.6 GHz 和 5.3 GHz）和法国的单频固态测高仪 Poseidon-1（Ku 波段，平率为 13.65 GHz），两台测高计共用同一个天线。卫星搭载了用于监测水汽含量的三频微波辐射仪（TMR），用于改正对流层延迟，还有用于精密定轨的激光反射器、GPS 和 DORIS 接收机，以及维持卫星运行和测高任务的其他模块（见图 2.3）。

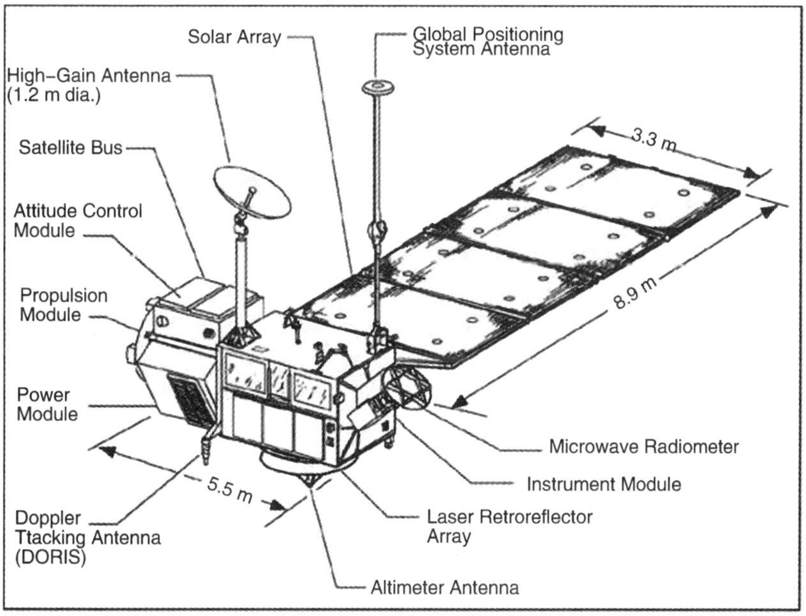

图 2.3　T/P 测高卫星有效载荷分布图（NASA/JPL）

Jason-1、Jason-2 和 Jason-3 均是 T/P 卫星的后继卫星，同样由 NASA 和 CNES 合作研发，用于接替 T/P 测高系列卫星的观测任务，其轨道参数与 T/P 卫星相同。Jason-1 卫星 2001 年 12 月发射，2009 年 2 月变轨；Jason-2 卫星 2008 年 6 月发射，2016 年 10 月变轨；Jason-3 卫星 2016 年 2 月，预计运行至 2024 年。Topex 系列是长时间运行精度可靠的测高卫星计划，其主要任务是提供全球动力海洋地形（DOT，Dynamic Ocean Topography）或者海面高度（SSH，Sea Surface Height）。Topex 系列卫星的轨道高度为 1 336 km，倾角为 66°，其地面轨迹在赤道上的间隔约为 315 km，轨道重复周期约为 10 d。Topex/Poseidon 的采样总数为 64，采样中点为 24；Jason-1/2/3 的采样总数均为 104，采样中点为 32.5。Topex 系列卫星的数据来源为卫星海洋数据归档、验证和解释中心（Archiving，Validation，and Interpretation of Satellite Oceanographic：AVISO），下载网址为 ftp.avisoftp.cnes.fr。

2.4.2 ERS 系列卫星

ERS（European Remote Sensing）系列测高卫星主要是由欧洲空间局研制和运行，执行地球观测任务，尤其是大气和海洋观测，代表卫星有 ERS-1/2 和 ENVISAT 以及 SARAL 卫星。ERS-1 卫星与 1991 年 7 月发射，卫星轨道高度为 785 km，轨道倾角 98.5°，运行轨道的地面轨迹在赤道上的间距为 80 km。ERS-1 分成 3 个任务阶段：第 1 个阶段为卫星校正和海冰监测，轨道重复周期为 3 d；第 2 阶段轨道重复周期为 35 d，进行多学科任务的海洋观测；第 3 个阶段的轨道重复周期为 168 d，主要大地测量应用。其中，第 2 阶段的运行轨迹为后续卫星所沿用。ERS-1 搭载多种观测设备，主要的有效载荷为雷达高度计。ERS-2 是 ERS-1 的后继卫星，在 1995 年 4 月发射。ERS-2 卫星的运行轨道与 ERS-1 相同，高度计的参数也与 ERS-1 基本一致。

ENVISAT 发射于 2002 年 3 月，主要用于监测地球表面和大气。Envisat 运行轨道的地面足迹与 ERS-1/2 一致，重复周期和轨道倾角相同。ENVISAT 搭载了第二代雷达高度计（RA-2），相对于 ERS-1/2 的雷达高度计在性能上有很大改善，能够提供两个波段（13.575 GHz 的 Ku 波段和 3.2 GHz 的 S 波段）的测高数据。ENVISAT 卫星于 2010 年 10 月 22 号变轨，周期变为 30 d。Envisat 搭载了微波辐射计、测高雷达、高级合成孔径雷达和 DORIS 系统等 9 个地球观测仪器阵列（图 2.4），这些仪器使用各种测量原理收集有关地球（陆地、水、冰和大气）的信息。其中一些仪器是在早期 ERS-1 和 ERS-2 任务以及其他卫星上飞行的仪器的高级版本。

SARAL 是 CNES 和印度空间研究组织（ISRO）合作研制的测高卫星，于 2013 年 2 月发射，用于接替 ENVISAT 的任务。SARAL 搭载的高度计 AltiKa，工作波段为 35 GHz 的 Ka 波段，能够更好地观测冰、雨、海岸带、大面积地块、浪高等。卫星的主要任务为全球海洋的测量和气候研究。SARAL 卫星运行 35 个周期后，于 2016 年 7 月发生变轨，变轨后以漂移轨道运行，即每周期不重复的轨道。需要指出的是，ERS-1/2 的波形采样总数为 64，采样中点为 24，Envisat 和 SARAL 的采样总数为 128，采样中点为 46。本研究用到的 ERS-1/2 以及 ENVISAT 卫星数据来源为欧空局，网址为 ftp://ra_data：er$12_ra@ra-ftp-ds.eo.esa.int，需要申请账号下载。SARAL 数据可在 AVISO，下载网址为 ftp.avisoftp.cnes.fr。

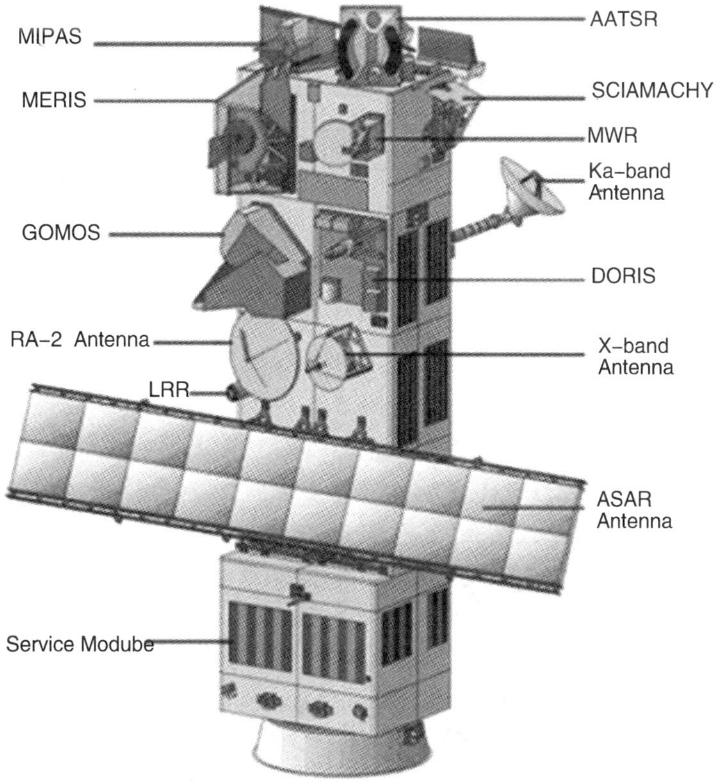

图 2.4　Envisat 测高卫星有效载荷图（ESA）

2.4.3　Geosat 系列卫星

GEOSAT（GEOdetic SATllite）是美国海军于 1985 年 3 月 12 日的地球观测卫星。卫星轨道高度为 800 km、倾角 108°，卫星一个运行轨迹（南极到北极）用时约为 6 040 s。卫星任务可以分为两个阶段：其中前 18 个月执行的是大地测量任务（GM），轨道重复周期为 23 d，用于改进地球重力场模型和大地水准面；自 1986 年 11 月 8 日开始执行科学精准重复任务（ERM），为海洋学研究提供科学数据，REM 任务的每个运行周期包含 244 条卫星轨迹，轨道重复周期为 17.05 d。卫星搭载的主要有效载荷为雷达高度计（RA），能够长时间重复观测全球海面高数据（相对精度达到 5 cm），用于计算海洋重力场。

GFO（Geosat Follow On）是 Geosat 的后继卫星，于 1998 年 2 月在美国范登堡空军

基地发射，其运行轨道与 Geosat 精确重复任务的运行轨道相同。GFO 卫星的有效载荷除了雷达高度计之外，还有用于定轨的 GPS 接收机、多普勒接收机、激光反射器以及一个水蒸气辐射计。GFO 卫星于 2008 年 9 月结束运行，没有后继卫星计划。本书中用到的 GFO 数据为美国国家大气海洋局（NOAA）公布的传感器数据记录（SDR），网址为 ftp.star.nesdis.noaa.gov。

2.4.4 ICESat 卫星

ICESat（Ice，Cloud，and land Elevation Satellite）是美国航空航天管理局于 2003 年 1 月发射的一颗激光测高卫星，运行时间为 2003 年 2 月—2009 年 10 月。ICESat 轨道高度为 600 km，近极轨道（倾角为 94°），能够覆盖南极大陆在内的大部分全球表面（图 2.5）。卫星的轨道重复周期为 183 d，赤道处的轨迹间距为 15 km。卫星上的主要载荷是地学激光测高系统（Geoscience Laser Altimeter System，GLAS），GLAS 将精密表面激光雷达与灵敏的双波长云和气溶胶激光雷达结合在一起。GLAS 激光器发射 1 064 nm 和 532 nm 波长的红外和可见激光脉冲。当 ICESat 绕轨道运行时，GLAS 产生了一系列直径约为 70 m（230 ft）的激光点，这些激光点沿着航天器的地面轨道相隔近 170 m（560 ft）。在任务的调试阶段，ICESat 被放置在允许地面轨道每 8 天重复一次的轨道上。在 2004 年 8 月和 9 月期间，卫星被操纵进入 91 天的重复地面轨道以执行任务的主要部分。

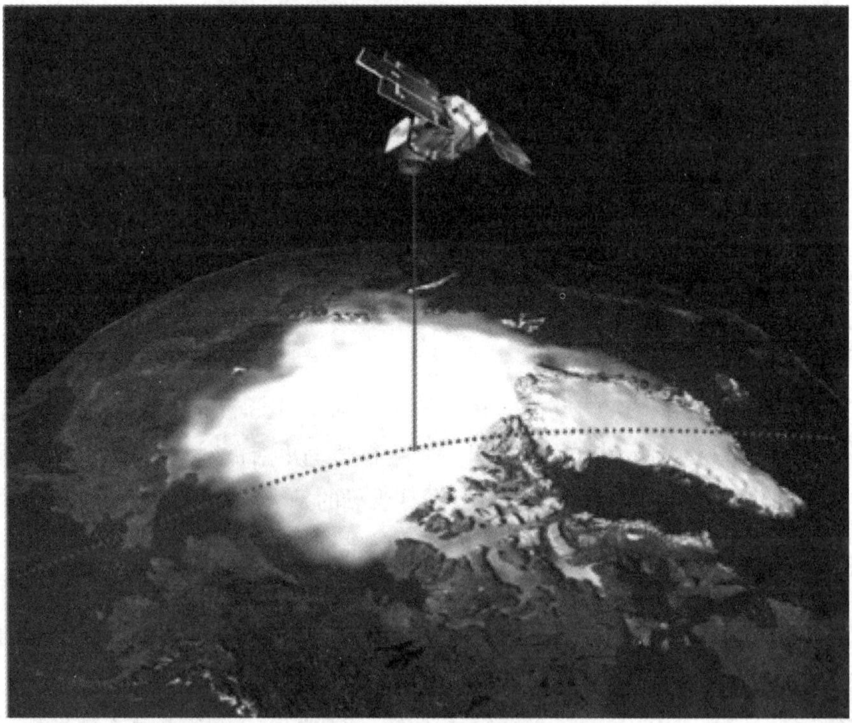

图 2.5 ICESat 测高卫星

ICESat 测高卫星的主要任务是监测冰盖质量平衡、云和气溶胶的高度以及陆地地形和植被高度等。由于激光雷达的足迹远小于其他雷达测高卫星，因而可以结合 SRTM3 数据分析监测陆地沉降，监测河流湖泊水位变化；除此之外，ICESat 还可应用于大气科学研究，测量云层和气溶胶高度与垂直剖面。ICESat-GLAS 数据产品来自美国冰雪中心（NSIDC，National Snow and Ice Data Center），网站为 http：//nsidc.org/data/ICESat/，包括 15 种不同的数据格式。本书使用的是其中的 GLAS14 数据，最新数据版本为 34，GLAS14 数据的激光光斑焦点的经纬度、反射率和大气辐射进行了误差改正。

2.4.5　Cryosat-2 卫星

Cryosat-2 卫星是欧洲空间管理局（ESA）与 2010 年发射的测高卫星，主要用途是监测海冰和陆地冰盖变化，见图 2.6。预计寿命为 3 年 8 个月，后成功延长，至今仍在运行。Cryosat-2 卫星的轨道高度为 717 km，轨道倾角为 92°，因而其涵盖范围为南北纬 88°内，是目前覆盖面最广的测高卫星。Cryosat-2 卫星的轨道重复周期为 369 d（子周期为 30 d），其轨迹赤道间距约为 7.5 km，在青藏高原地区约为 6.5 km。卫星搭载 Ku 波段（13.8 Ghz）的合成/干涉孔径雷达高度计（SAR/Interferometric Radar Altimeter，SIRAL）。与最初的 CryoSat 不同，CryoSat-2 上安装了两台 SIRAL 仪器，其中一台用作备用仪器，以防另一台发生故障。该仪器结合了一个脉冲限制雷达高度计和第二个具有合成孔径和干涉信号处理的天线。SIRAL 的脉冲带宽为 320 MHz。

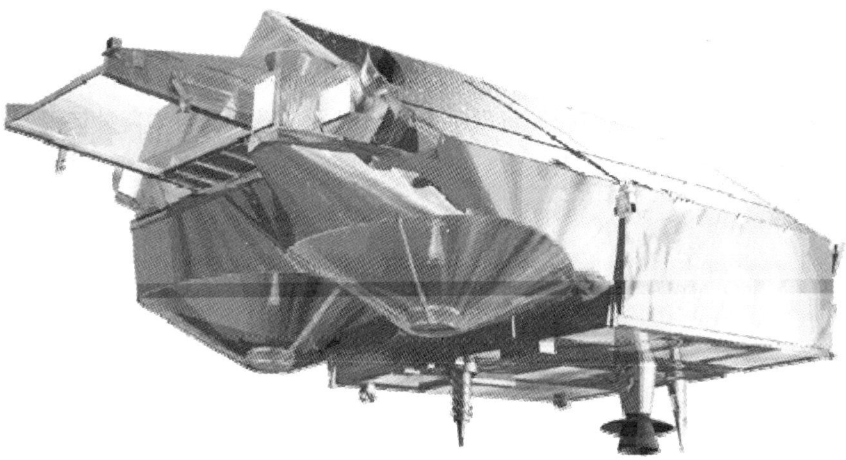

图 2.6　Cryosat-2 测高卫星

Cryosat-2 提供 3 种不同的观测模式，分别是低解析度模式（Low Resolution Model，LRM）、合成孔径雷达（Synthetic Aperture Radar，SAR）以及合成孔径雷达干涉高度计（SAR/Interferometric Radar Altimeter，SARIn）。3 种模式根据不同的观测区域进行切换，其中本书研究的青藏高原地区大都位于 SARIN 模式，青藏高原东北部（青海湖流域部分）

位于 SAR 模式。本书中使用到的 Cryosat-2 科学产品均是使用 DORIS 精确轨道进行处理得到，并由 Crysoat 传播服务器发布（网站：ftp: //science.pds.cryosat.esa.int）。

LRM 模式使用的技术与其他雷达波测高相似，LRM 模式的脉冲重复频率为 1.97 kHz，SAR 和 SARIn 模式的频率为 18.181 kHz。除此之外，SARIn 模式的卫星地面足迹仅有约 0.3 km，远远低于 T/P 和 ERS 系列卫星，这也意味着 Cryosat-2 卫星的观测数据更不易被陆地信号干扰。SAR 和 SARIn 模式下会产生多普勒效应，即同时处理多个高度相关的回波可以获取频移信号，从而把足迹从圆形缩成沿轨方向的带状，基于多普勒原理将沿轨方向的足迹缩减至 300 m。

2.5 本章小结

本章主要介绍了卫星测高技术测量海面高基本原理、测高数据误差及数据编辑方法以及多源卫星测高任务。卫星测高技术通过卫星搭载的测高仪器对地球表面进行高度测量，可以获取全球范围内的高程数据，其原理是利用微波信号的传播时间差来计算地表高度。信号传播受到各种误差的影响，会导致一定的信号延迟，降低海面高观测精度。本章分析了卫星测高数据中的多种地球物理改正和环境改正项，并介绍了常用的误差改正模型。此外，测高观测数据中往往包含大量的粗差观测值，需进行细致的数据预处理工作，其中测高数据编辑是重要的预处理方法，可有效过滤部分粗差值。本章以 Jason-1 测高卫星 GDR 文件为例，介绍了仪器标记、遥测标记和数据质量标记等参数的正常阈值。卫星测高技术发展至今，已经发展出多任务的卫星测高观测技术，并积累了超过 20 年的卫星测高数据，有效融合多源测高卫星数据可大幅提高该技术在内陆湖泊的覆盖率，并提升湖泊水位观测的时间分辨率。本章介绍了卫星测高技术实验阶段、成熟阶段和现行的多种测高卫星，包括卫星运行时间、轨道参数、有效载荷、高度计技术等，为第 4 章的测高数据处理和多源测高数据融合方法介绍清楚知识背景。

第 3 章 基于波形净化技术的水陆交界区波形重跟踪方法

卫星测高技术最初研制的目的是用于全球海平面研究，利用星载雷达高度计可以获取厘米级的海平面数据。经过 20 多年的发展，卫星测高技术日趋成熟，逐渐在其他研究领域也发挥着重要的作用，如内陆水文[100-102]、陆地沉降[103]、南北极冰盖及海洋浮冰监测[104，105]等。为了进一步提高卫星测高的数据精度，国内外学者进行了大量的研究。总体而言，这些研究主要集中在优化地球物理和传播媒介的改正参数以及波形重跟踪技术方面[106，107]。

当测高卫星经过的地球表面不是海洋时，雷达高度计接收到的返回波形与标准的 Brown 模型差异较大，返回波形的实际波形前缘中点与星载高度计预设跟踪点(On-Board Tracking Point) 不一致，会造成高度计测量距离与实际距离偏差。根据实际波形重新确定波形前缘中点（ Retrack-Point ），并计算出波形前缘中点与重跟踪点的采样间距（ Retracking Correction ），对高度计观测值进行改正以获得准确的距离观测数据，这个距离改正的过程就是波形重跟踪改正。图 3.1 为波形重跟踪改正示意图，其中纵轴为返回波形各采样点的功率，横轴为采样间距，可以通过距离转换因子将采样间距转换成距离改正。测高计波形的重跟踪改正为：

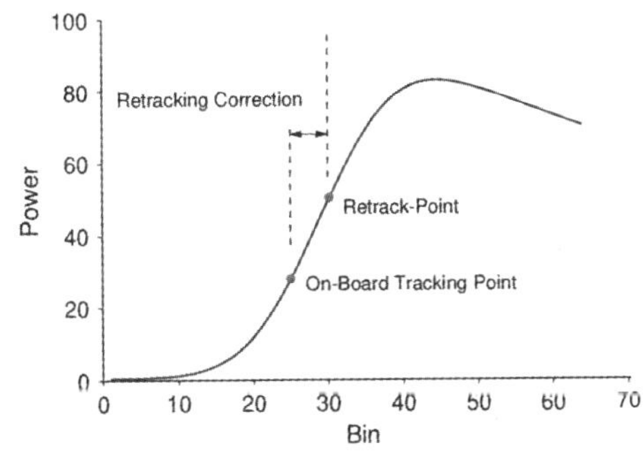

图 3.1　波形重跟踪距离改正示意图

$$\Delta R = G_{2\mathrm{m}}(N_{\mathrm{re}} - N_{\mathrm{tr}}) \tag{3.1}$$

式中：ΔR 为阀门之间的距离；N_{re} 表示重跟踪采样点，N_{tr} 为预设的星载跟踪点，不同卫星的重跟踪点并不一致；$G_{2\mathrm{m}}$ 为距离转换因子，将采样间隔转换成距离，其数值与雷达的脉冲宽度有关，为脉冲宽度 P_{w} 乘以光速（ $c = 299\,792\,458$ m/s ）计算得到。

3.1 传统波形重跟踪方法

3.1.1 OCOG 重跟踪算法

OCOG（Off-Center of Gravity）重跟踪算法最早由欧空局提出，用于处理 ERS-1 雷达波数据。其基本思想是通过波形的重心和面积确定波形前缘的位置（图 3.2），振幅的大小是波形重心高度的两倍，波形前缘的位置是采样门的位置减去宽度的一半，根据波形的振幅、宽度和重心位置参数，就能确定出波形前缘中点的位置。其数学表达式为[108]：

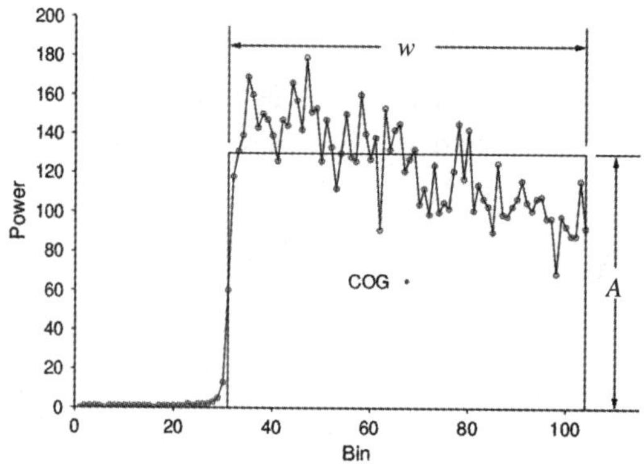

图 3.2 OCOG 重跟踪算法示意图（以 Jason-2 波形为例）

$$\mathrm{COG}=\frac{\sum_{i=1+n}^{N-n} iP_i^2(t)}{\sum_{i=1+n}^{N-n} P_i^2(t)} \tag{3.2}$$

$$A=\sqrt{\frac{\sum_{i=1+n}^{N-n} P_i^4(t)}{\sum_{i=1+n}^{N-n} P_i^2(t)}} \tag{3.3}$$

$$W=\frac{\sum_{i=1+n}^{N-n} P_i^2(t)^2}{\sum_{i=1+n}^{N-n} P_i^4(t)} \tag{3.4}$$

$$\mathrm{LEP}=\mathrm{COG}-\frac{W}{2} \tag{3.5}$$

式中：N 为采样总数（不同卫星的采样总数均不一样，例如 T/P 卫星的采样总数为 64，Jason-2 则为 104）；$P_i(t)$ 为波形中第 i 个采样点的功率值；A 和 W 分别为波形的振幅和宽度；COG 是波形的重心位置；LEP 为波形的波形前缘中点的位置；n 为计算热噪声的采样数量，通常设为 5。当波形受雷达足迹点反射表面的影响时，该方法的重跟踪改正精度较低，通常作为其他重跟踪方法的初始值。

3.1.2 β_5 参数重跟踪算法

β参数重跟踪算法（β parameter algorithm）是美国国家航空与航天局（NASA）于 1983 年研究的，因而也称为 GSFC-V2（Goddard Space Flight Center）重跟踪算法[109]，最初是用于对冰盖反射回波进行重跟踪改正。该算法的理论模型是基于 Brown 模型，即选取适当的参数函数对回波波形进行拟合。β参数法需要预设初始值，经过反复迭代平差计算出最终参数，通常采用 OCOG 算法重跟踪结果作为初始值。根据参数数量的差异，β参数法可以表现成多种形式，β_5参数法是其中使用最广泛的方法，其函数表达式为：

$$P_{\mathrm{r}}(t)=\beta_1+\beta_2[1+\beta_5 Q(t)]P\frac{t-\beta_3}{\beta_4} \tag{3.6}$$

$$Q(t)=\begin{cases}0 & (t<\beta_3+0.5\beta_4)\\ t-(\beta_3+0.5\beta_4) & (t\geqslant\beta_3+0.5\beta_4)\end{cases} \tag{3.7}$$

式中：P_{r}为概率分布函数；$Q(t)$为一个线性表达式的函数；参数β_1和β_2分别为返回波形的热噪声功率和功率强度（振幅）；β_3表示波形前缘中点的位置，该参数可用来改正高度计测距观测值；β_4表示波形前缘上升时间，结合β_2可计算前缘斜率，从而计算出海面的有效波高；β_5为波形后缘斜率，可以用于计算后向散射系数，进而计算海面风速（图 3.3）。

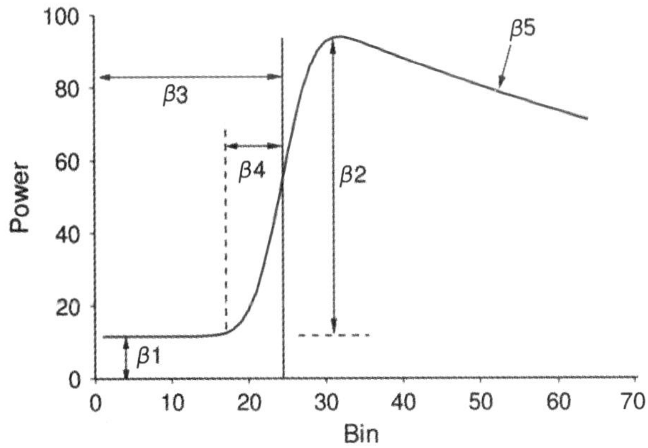

图 3.3 β_5 重跟踪算法示意图

3.1.3 Threshold 重跟踪算法

阈值（Threshold）重跟踪算法是 Davis 提出的一种稳健的波形重跟踪方法[110]。其基本做法是凭借经验先预设一个阈值，当回波波形的能量达到波形最大振幅与阈值的乘积时，利用线性内插的方法确定采样点的位置，这个采样点即为波形重跟踪点。阈值法的公式如下[111, 112]：

$$A = \max(W_n) \tag{3.8}$$

$$\mathrm{d}c = \frac{\sum_{n=\tilde{n}}^{\tilde{n}+4} WD_n}{5} \tag{3.9}$$

$$\mathrm{TL} = \mathrm{d}c + th(A - \mathrm{d}c) \tag{3.10}$$

$$N_{\mathrm{re}} = (\tilde{n}-1) + \frac{\mathrm{TL} - W_{\tilde{n}-1}}{W_{\tilde{n}} - W_{\tilde{n}-1}} \tag{3.11}$$

上式中：A 为波形的最大振幅；dc 为波形前缘的热噪声，一般使用前 5 个波形的均值计算得到；th 为预设阈值，即最大波形振幅的百分比；TL 为最大振幅与阈值的乘积；N_{re} 波形前缘中点位置，通过 TL 前后两个波形采样振幅用线性内插方法确定。

在 Threshold 重跟踪算法中，阈值选取对波形重跟踪结果有重要影响[111, 113, 114]，常用的阈值为 10%、20%和 50%。从大量的研究成果中发现，根据研究区域反射条件的差异，选取的阈值也不同。当体散射对波形形状起主要作用时（如陆地、冰盖等），阈值水平选取为 10%；当面散射对波形起主导作用（海洋、开阔水域等）时，50%的阈值水平能更好地表示雷达波足迹的平均表面高程；当波形形状由体散射和面散射共同主导的地区（如内陆湖泊、湿地和近海等区域），宜使用 20%的阈值作为两种极端情况的折中方案。

3.1.4 其他重跟踪算法

上述三种是最经典的波形重跟踪方法，现今的波形重跟踪方法多是由这些方法的演化而来。如 SARAL 卫星 Level2 产品中的 OCEAN 重跟踪改进为β-5 的改进方法，ICE-1 和 Sea-ice 法均采用重心法确定波形前缘中点位置，此外许多学者在阈值法基础上改进研制新算法。本节中将简要介绍 Ocean、ICE-1、ICE-2 以及 Sea-ice 算法基本原理。

1. Ocean 波形重跟踪算法

Ocean 波形重跟踪算法基于海洋表面的高度分布模型，通过调整回波波形的起始点位置，使得拟合曲线与实际海面高度分布模型相符合，从而获得更为准确的海洋表面高度信息。该算法利用加权最小二乘估计并结合 Levenberg-Marquardt 方法拟合功率波形，基本公式根据海恩模型推导为：

$$W_m(t)=P_n+a_\xi\frac{P_u}{2}\mathrm{e}^{-v}\{[1+\mathrm{erf}(u)]+\frac{\lambda_\mathrm{s}}{6}\left(\frac{\sigma_\mathrm{s}}{\sigma_\mathrm{c}}\right)^3\{[1+\mathrm{erf}(u)]c_\xi^3\sigma_\mathrm{c}^3-$$

$$\frac{\sqrt{2}}{\sqrt{\pi}}[2u^2+3\sqrt{2}c_\xi\sigma_\mathrm{c}+3c_\xi^2\sigma_\mathrm{c}^2]\mathrm{e}^{-u^2}\}\}\tag{3.12}$$

式中：λ_s是倾斜系数；σ_s和σ_c分别是上升时间及其组合值；P_n和P_u分别表示波形的热噪声和振幅的功率；erf ()是误差函数。其余参数表达式分别为：

$$\mathrm{erf}(x)=\frac{2}{\sqrt{\pi}}\int_0^x \mathrm{e}^{-t^2}\mathrm{d}t\tag{3.13}$$

$$\gamma=\frac{4}{\ln 4}\sin^2\frac{\theta_w}{2}\approx\frac{\sin^2\theta_w}{\ln 4}\tag{3.14}$$

$$a_\xi=\mathrm{e}^{\left(\frac{-4\sin^2\xi}{\gamma}\right)}\tag{3.15}$$

$$b_\xi=\cos(2\xi)-\frac{\sin^2(2\xi)}{\gamma}\tag{3.16}$$

$$c_\xi=b_\xi a\tag{3.17}$$

$$u=\frac{t-\tau-c_\xi\sigma_\mathrm{c}^2}{\sqrt{2}\sigma_\mathrm{c}}\tag{3.18}$$

$$v=c_\xi\left(t-\tau-\frac{c_\xi\sigma_\mathrm{c}^2}{2}\right)\tag{3.19}$$

$$\alpha=\frac{4c}{\gamma h\left(1+\frac{h}{R_\mathrm{e}}\right)}\tag{3.20}$$

其中：θ_w为天线波束的宽度；c为光速；h为卫星轨道的高度；R_e为地球半径；ξ为天线指向偏差。

通过公式（3.12）计算出波形的振幅P_u，使用线性插值方法计算波形前缘位置，便可用于距离改正，在 PISTACH 产品中 MLE4 即为一种 Ocean 重跟踪改正高程产品。

Ocean 算法的优点是在于能够较好地抵抗噪声干扰，并且对于不同的海洋表面高度分布模型具有较好的适应性。然而该算法也存在一些局限性，如对于存在波浪和涟漪的海面，可能会产生误差较大的结果。

2. ICE-1 算法

ICE-1 波形重跟踪算法是基于 OCOG 技术的一种改进算法，该方法将波形拟合成一个重心重合的矩形，波形振幅计算方法如下：

$$A_u = \sqrt{\frac{\sum_i y^4(i)}{\sum_i y^2(i)}} \quad (3.21)$$

式中：A_u 为振幅；$y(i)$ 为波形功率值。

根据公式（3.21）确定的振幅，通过线性插值方法确定前缘中点的历元，最后计算得到距离改正值[46, 115]。ICE-1 算法主要适用于估计冰盖以及陆地表面高度，在 Envisat 及 SARAL 的 SGDR（Sensor Geophysical Data Record）产品中均附有 ICE-1 算法改正结果。ICE-1 算法处理复杂地形时更加准确，同时对于信噪比较低的数据也具有更好的鲁棒性，在卫星测高数据处理领域得到了广泛的应用。

3. ICE-2 算法

ICE-2 波形重跟踪算法主要思想是利用最小二乘估计将测高波形拟合成返回功率模型，该算法具有高精度、高稳定性和高抗干扰性等特点，基本公式根据布朗模型[116]导出：

$$W_m(t) = \frac{P_u}{2}\left[1+\mathrm{erf}\left(\frac{t-\tau}{\sigma_L}\right)\right]\mathrm{e}^{s_T(t-\tau)} + P_n \quad (3.22)$$

式中：τ 为历元；σ_L 为波形前缘宽度；P_n 和 P_u 分别为热噪声和振幅；S_T 为后缘波形的对数倾斜。

通过对功率模型对测高波形进行识别，在对波形进行标准化处理和波形前缘探测，进而进行重跟踪改正[115]。ICE-2 算法主要用于冰盖高程研究，Enivsat 的 GDR 产品中包含了 RA2 高度计的 ICE-2 改正结果。

4. Sea-ice 算法

Sea-ice 波形重跟踪算法可视为 OCOG 算法的另一种改进形式，该方法通过查找返回波形的最大功率值来确定波形振幅[115]：

$$A = \max_{n\in N}[y(n)] \quad (3.23)$$

式中：A 为振幅；$y(n)$ 为第 n 个采样点的功率值。确定出波形振幅后，利用线性内插方法找出波形前缘中点位置，进行重跟踪改正。

Seaice 算法的实现步骤包括以下几个方面：

（1）预处理：对回波信号进行预处理，包括对信号进行滤波、去噪以及对信号的尾部进行截断等操作。

（2）初始估计：通过对回波信号进行多普勒频移估计，得到初始的高度估计值。

（3）波形重跟踪：通过最小二乘法对回波信号进行波形重跟踪，提取出信号中的高度信息，从而计算出海冰表面的高度。

（4）后处理：对计算结果进行后处理，包括对估计结果进行滤波、去噪以及对估计结果进行校正等操作。

Sea-ice 算法是一种适用于海冰表面高度测量的算法，其具有高精度、高稳定性和高抗干扰性等特点，已被广泛应用于卫星测高领域，尤其是在北极地区的海冰观测中有着广泛的应用，也可应用于观测陆地表面高程[117]。相较于其他卫星测高算法，Sea-ice 算法能够更准确地测量海冰表面的高度，因为它在算法设计中考虑了海冰表面反射回来的信号的特殊性质，比如其较大的相干性和反射率。

3.2　水陆交界处波形重跟踪算法

星载高度计向地球发射脉冲信号并接受返回波形，通过跟踪接收到的波形来测量卫星与雷达足迹覆盖的地球表面的距离。由于测高技术固有的局限性，在陆地及水陆交界区域的精度大大降低。在开阔海域，海平面较为平坦，雷达回波大多呈现 Brown 模型形状。在水陆交界区域，雷达发射表面更加复杂，接收到的回波波形呈现不同的形状，本书中称之为“陆地污染波形”。图 3.4 为水陆交界区域测高卫星回波波形，下图为测高卫星星下点顶视图，上图中左边浅色部分为经水面反射雷达信号，右边深色部分含有陆地反射信号。

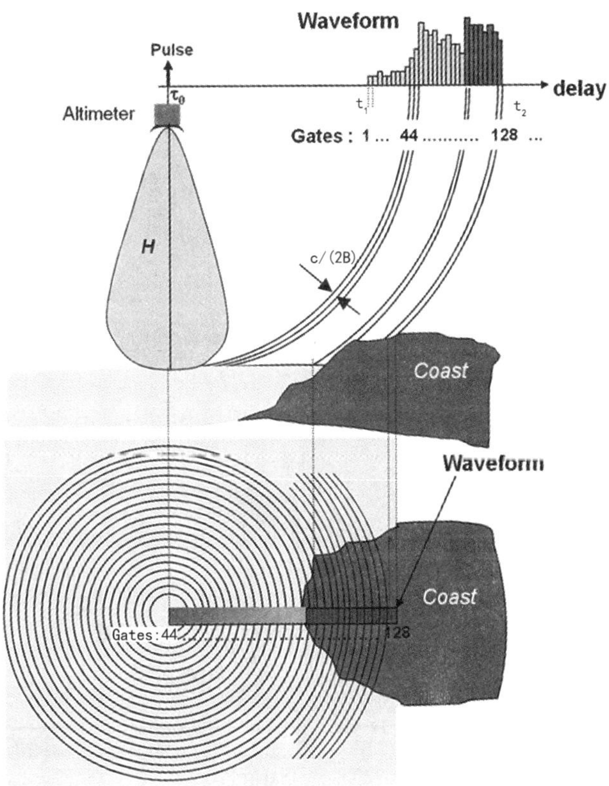

图 3.4　水陆交界区域卫星雷达足迹示意[118]

图 3.5(a)为 Jason-2 测高卫星第 242 号轨迹途经泰国沿海的波形数据集，图 3.5(b)、(c)、(d) 分别为距岸 0.5 ~ 2 km、2 ~ 8 km 和 20 ~ 30 km 的回波波形。从图中可看出，测高卫星在开阔水域的回波波形与海洋波形接近[图 3.5（d）]；随着测高轨迹靠近陆地，波形后缘中开始出现异常波峰[图 3.5（c）]，即前文中提及的“陆地污染”部分；当测高卫星的星下点距离陆地 0.5 ~ 2 km 时，回波波形与陆地反射的尖锥波形类似。

图 3.6 为上图中的波形数据利用传统波形重跟踪方法改正恢复的海面高。从图 3.6 中看到，测高卫星观测的原始海面高数据在距岸 20 km 处开始与大地水准面出现偏离，可能为潮汐因素的原因。由于上述的“陆地污染”的影响，在距岸 0 ~ 7 km 处，用重心法和参数法改正的海面高与大地水准面的偏差增大。经统计发现，与大地水准面比较，原始海面高和阈值法、重心法、参数法恢复的海面高的均方根误差分别为 2.09 m、1.80 m、3.01 m 和 3.87 m。这说明水陆交界区的陆地反射会对测高数据精度造成极大影响，回波波形中异常峰值甚至会导致基于统计模型的重心法和函数拟合的β参数法失效。

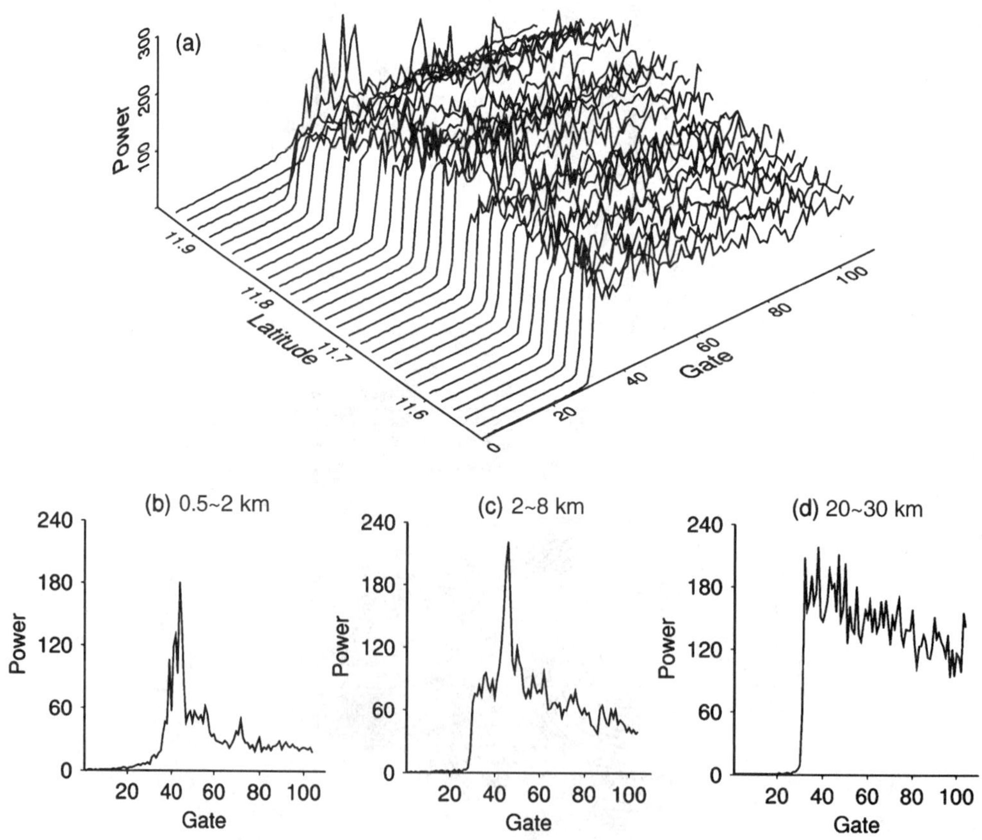

图 3.5 水陆交界区的 Jason-2 测高波形数据集

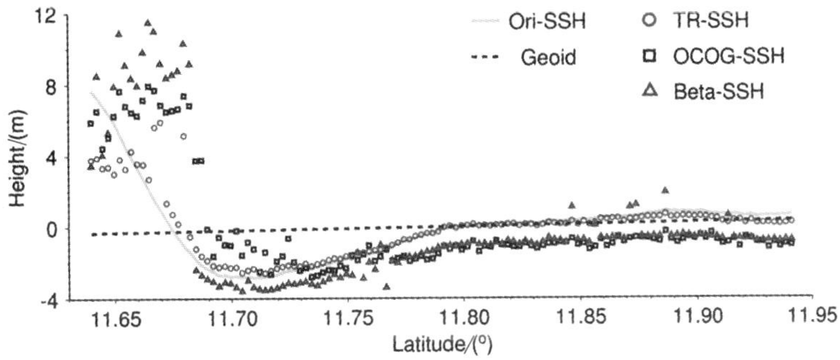

图 3.6　水陆交界区 Jason-2 波形重跟踪算例

3.2.1　水陆交界处波形重跟踪研究进展

近岸海面高测量是卫星测高研究中一项非常重要又具有挑战性的问题，国内外多位学者针对近岸区域提出新的波形重跟踪方法[119-122]，并在一些案例研究中验证了可行性。例如，Hwang 等提出一种改进的阈值重跟踪方法（ITR：Improvement Threshold Retracker），在我国台湾沿岸使用 Geosat/GM 高度计数据计算海面高，结果表明改进方法的性能优于 OCEAN 和阈值法[123]；Lee 等在加利福尼亚沿海的 Jason-2 数据应用中提出另一种改进的阈值算法，这种方法可以提取波形前缘部分，避免来自非海面的叠加信号干扰[124]。随后，陆续推出一系列子波形重跟踪技术[125-129]，还有一些基于改进模型的重跟踪方法，如布朗模型加镜面峰值、布朗模型加非对称高斯峰值来模拟近岸受污染的波形[127，130]。此外，一些研究人员根据波形分类[127，129，131-133]，开发了自适应重跟踪系统，针对不同波形选取最优的重跟踪方法。在过去十年中，许多研究机构提出来旨在改进近岸测高产品的研究项目，并陆续产生了一系列近海和内陆水域的测高数据产品，如 PISTACH、COASTALT（Coastal Altimetry Workshops）和 X-TRACK 等[43，134，135]。

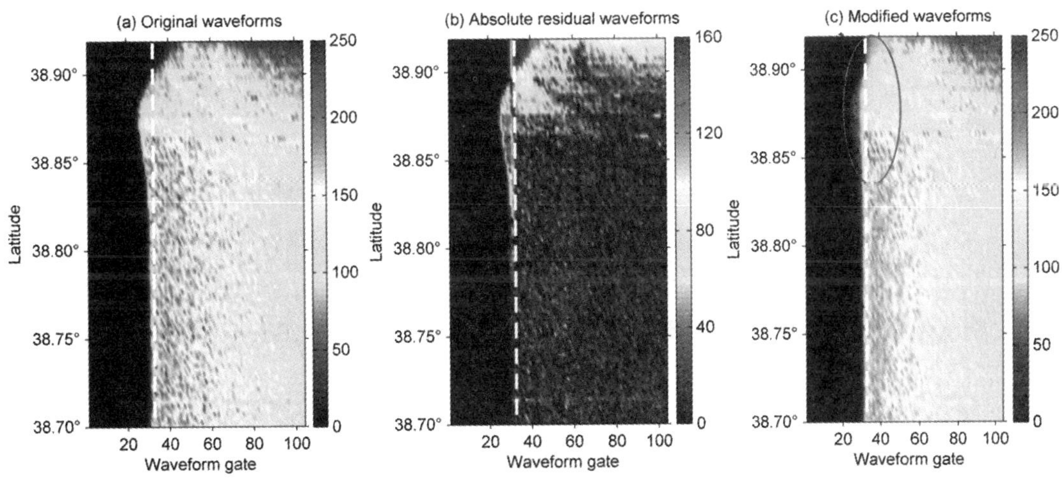

（a）原始波形　（b）移去平均波形的残余波形绝对值　（c）校正后波形

图 3.7　近岸波形校正算法的失败案例

Tseng 等提出一种波形调整技术（WM：Waveform Modification），对近岸区域受污染的波形进行修复，利用美国沿岸 4 个验潮站作为对比数据，该方法改正后的距岸 1 ~ 7 km 的海面高标准差达到 21 cm，较 Ocean 法改正的海面高精度提高了 63%[136]。然而，由于参考波形和选权策略的问题，可能导致波形前缘变形。图 3.7 显示了美国新泽西州 Cape May 验潮站附近波形校正方法的失败案例。从图中可以看出，原始波形的波形前缘[图 3.7（a）]在 38.83°的纬度处开始偏移，并在 38.85°和 38.90°之间形成了明显的差异。这种偏移会在这些波形的星载跟踪点附近产生大的残差（相对于平均波形）[见图 3.7（b）]，从而导致被误判为异常采样值。在校正后的波形中，前缘会严重失真[图 3.7（c）]。另外，波形异常值校正方法也有潜在的问题。检测到的异常值的附近采样点被陆地效应污染的可能性很高，但是它们中有些污染信号不足以被判断为异常值。因此，从附近的采样点插值无法完全消除异常的峰值。

3.2.2 波形净化技术

为了消除波形中的异常峰值，本书提出一种波形净化技术（WD：Waveform Decontamination），其基本思想是选择每个周期中距陆地 0 ~ 20 km 处的波形平均值作为参考波形[137, 138]，并与近岸波形逐一比对。当波形差超过预设值时，检测到虚假峰值，然后进行处理。具体步骤如下：

第一，根据公式（3.24）计算参考波形：

$$P_{\text{ref}}(i)=\frac{1}{k}\sum_{n=1}^{k}P_n(i),\quad i=\begin{cases}1-128 & \text{for Envisat}\\ 1-104 & \text{for Jason-2}\end{cases} \tag{3.24}$$

式中：$P_n(i)$ 是距岸 0 ~ 20 km 波形的平均值；k 为该范围波形的总数；$P_{\text{ref}}(i)$ 为每条轨迹的参考波形；i 为波形采样点序号；Envisat 的采样点序号范围为 1 ~ 128；Jason-2 的序号范围为 1 ~ 104。

第二，利用上式计算的参考波形去除每个波形中可能存在波形异常，判断异常峰值的标准如下：

$$P_{\text{c}}(\text{out})\in\left|P_{\text{c}}(i)-P_{\text{ref}}(i)\right|>2\cdot\text{RMS},\ i=\begin{cases}1\sim128 & \text{for Envisat}\\ 1\sim104 & \text{for Jason-2}\end{cases} \tag{3.25}$$

式中：$P_{\text{c}}(i)$是距离陆地 10 km 以内的第 c 个近岸波形 d 中的第 i 个采样点；$P_{\text{c}}(\text{out})$ 是第 c 个近岸波形的去除采样点；$\left|P_{\text{c}}(i)-P_{\text{ref}}(i)\right|$ 为近岸波形 P_c 与参考波形 P_{ref} 的绝对偏差，则是研究区域内所有剩余波形的均方根误差。

$$\text{RMS}=\sqrt{\frac{\sum_{n=1}^{N}\sum_{i=1}^{M}\Delta P_n^2(i)}{NM}} \tag{3.26}$$

第三，将按照公式（3.25）判定的异常波峰赋为空值，保证净化后波形与原始波形同等长度，从而使得波形前缘的位置不发生偏移。

近岸波形净化算法的关键在于参考波形的选取，它直接影响到异常峰值的检测。由于近岸波形包含海洋波形和复杂的海况、陆地信号的影响，与海洋波形存在一定的差异，如果选取海洋波形或者陆地波形作为参考波形，则不能很好地找出近岸波形中的异常峰值。当近岸波形前缘与参考波形前缘间距较大时，原本正常的采样点波形前缘将被判定为异常值，从而导致波形前缘过度校正的问题。本书选取近岸 0～10 km 的平均波形作为参考波形，与近岸多数波形更加接近，从而避免了这个问题。本书在探测出异常波峰后，没有进行重新插值，而是直接赋空值，原因是异常波峰前后的波形数据受到污染的可能性很高，用可能受到污染的波形重新插值的意义并不大。

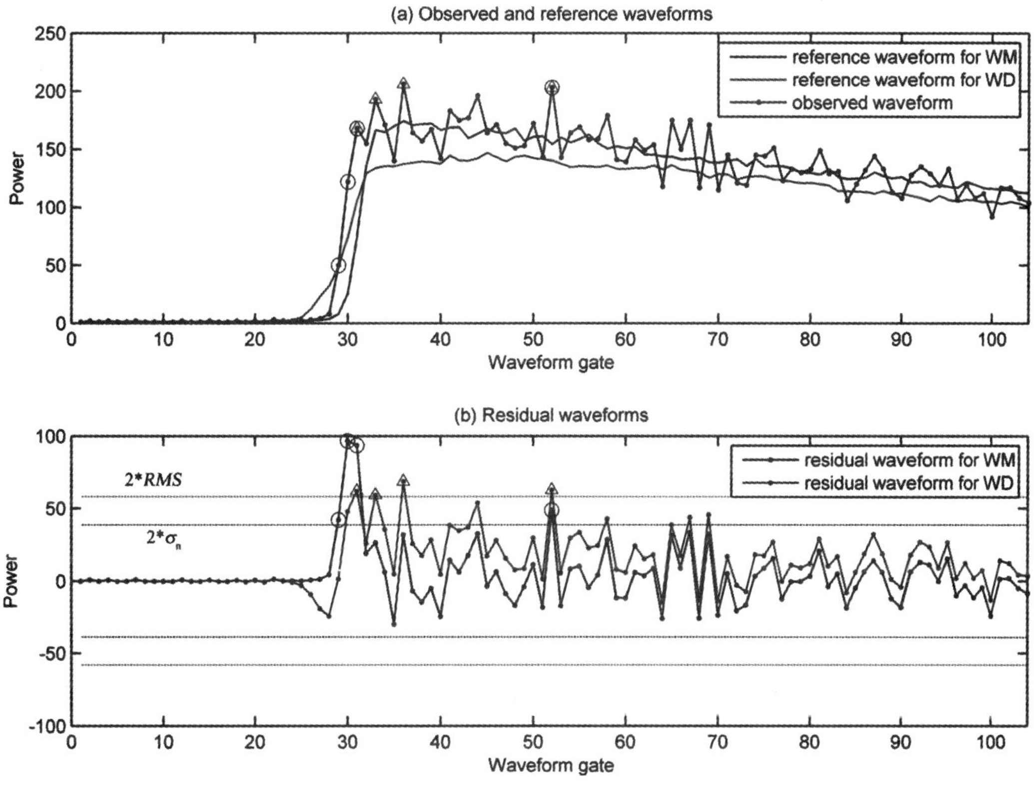

图 3.8　上图中失败案例的 WM 与 WD 方法比较

图 3.8 为图 3.7 中案例的 WM 和 WD 方法的比较，其中，图 3.8（a）所示为参考波形，其中中间的线表示 WM 法参考波形，由离岸 20～30 km 范围内的平均波形确定；下面的线为离岸 0～20 km 范围内的平均波形；带黑点的曲线在北纬 38.84°处观测到波形。图 3.8（b）中显示了其相应的剩余波形。圆圈和三角形分别表示 WM 和 WD 检测到的异常样本。图 3.8 中的示例显示了这些修订后的提高，图中观察到的波形的前缘[图 3.8（a）

中带黑点的曲线]偏离 WM 的参考波形[图 3.8（a）中的中间的曲线]。这种相移在前沿的两个采样门引起极大的残留[见图 3.8（b）]。因此，这些采样点将会被 WM 误判为异常样本。相比之下，WD 的情况就不会出现误判。这是因为 WD 的参考波形[图 3.8（a）中下面的曲线]具有非常平缓的前沿，且与观察波形的前沿相交。同时，使用公式（3.26）计算的 RMS 大于标准差 σ_n，因为 RMS 包含研究区域中移位波形的贡献。

3.3 水陆交界处波形重跟踪算例分析

3.3.1 研究区域及数据

本算例中用到的卫星测高数据为 AVISO/CNES（Archiving，Validation and Interpretation of Satellite Oceangraphic data）提供的 Jason-2 传感器地球物理数据记录（SGDR）产品版本 d（JA2-GPS-PdP）。该数据集是重新处理的 level2 产品，包含波形和恢复 SSH 所需的所有相关改正参数，其中波形数据是地面后处理（波形重跟踪）所必需的。最初，Jason-2 高度计每秒接收约 2 060 个基本回波。为了减少热噪声，将回波波形重采样成 20 Hz 的数据[139]。SGDR 中的每个波形包含 104 个采样门，其中星载跟踪点为 32.5。除了原始测距值外，SGDR 中还包括由 OCEAN（MLE4），MLE3 和 ICE 重跟踪算法计算的 3 种类型的距离观测值[140]。

本算例中还用到英国海洋数据中心（BODC：British Oceanographic Data Centre）提供的自适应前缘子波形 ALES（A multi-mission adaptive subwaveform retracker）提供的 Jason-2 相关产品。ALES 数据库对 Jason-2、Jason-1 和 Envisat 卫星的数据进行重新处理得到恢复的海面高产品。ALES 的数据沿用了原卫星数据中 SGDR 产品中的所有参数，包括来自 Brown 模型重跟踪改正的地球物理参数的 L2 估计值，并且添加来自 ALES 重跟踪改正的距离观测值，有效波高（SWH：Significant WaveHeight）和后向散射（sigma0）等参数。

PISTACH 项目由 CNES 资助，旨在改善沿海地区和内陆水域的 Jason-2 测高数据。PISTACH 产品分为两类：一类用于沿海应用，另一类用于水文学研究。沿海产品覆盖整个海洋以及离岸 25 km 的陆地边缘，水文产品覆盖所有陆地及沿海 25 km 的海域。在 PISTACH 产品中有 4 种可供选择的范围，即 ICE1，ICE3，RED3 和 OCE3[43]。其中，ICE1 测距基于重力偏移中心（OCOG）方法[108]，与 SGDR 中的 ICE 测距值相同，其通过第一个功率大于 COG 幅度 30%的样本来确定距离历元。ICE3 重跟踪算法的原理与 ICE1 重跟踪算法的原理相同，但只计算了主前缘周围的部分采样。RED3 方法在 ICE3 选择的小窗口中使用最大似然估计重新计算参数。通过奇异值分解滤波将经典的 MLE3 重跟踪算法应用于滤波波形来获得 OCE3 范围。本书选取了 PISTACH 项目发布的沿海测高产品中的几种后处理数据进行算法比较。

研究表明，海岸的特性对高度计波形的形状有很大影响[118]，复杂地形会降低海岸地区可识别波形的数量。本书中选取了 4 个不同地貌和海况条件的近岸地区作为研究区域（图 3.9）。白色虚线内为实验中选取的近海研究区域，研究区域为测高轨迹经过且附近有长时间验潮站观测值的区域，以评价各重跟踪方法改正后的海面高测量精度。区域（a）位于美国西海岸洛杉矶的 NOAA 验潮站附近，海洋底标高在离岸 5 km 附近突然下降，0 ~ 4 km 处为相对光滑的斜面，在 6 ~ 10 km 之间为深海区域；区域（b）在美国东海岸新泽西州附近，在 4 个研究区域中海底地形变化最复杂、水深最浅；区域（c）在葡萄牙的马德拉岛的南部，这个地区的海岸地形由山脊组成，海洋深度在 4 km 内急剧下降 2 000 m；区域（d）的水深则很浅（ < 22 m），不同于其他地区，区域（d）在卫星轨道和海岸线之间的夹角较小，从而延长了陆地污染的影响，导致大量的波形偏离布朗模型。

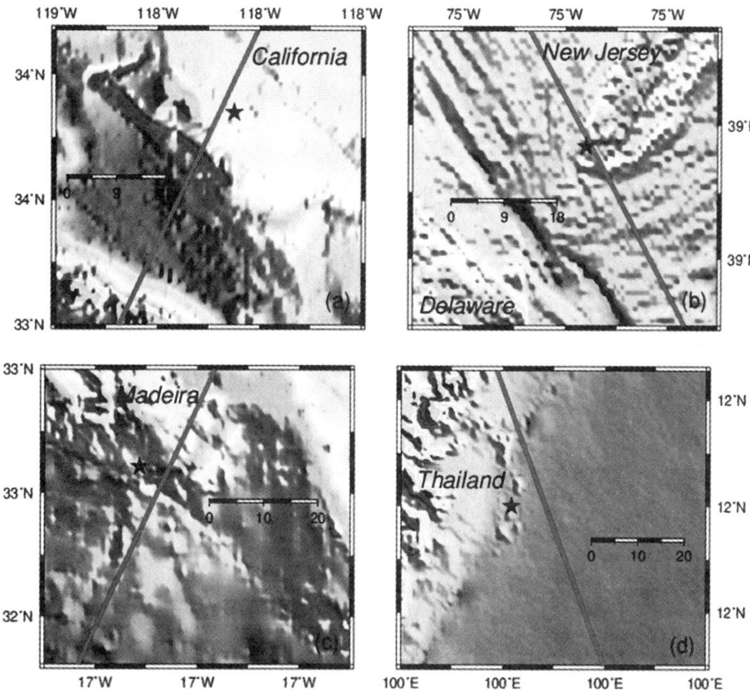

（a）Los Angeles；（b）Cape May；（c）Funchal；（d）Ko Lak

图 3.9　近岸波形重跟踪算例研究区域

在每个研究区域，Jason-2 卫星轨迹经过的临近海岸上有一个验潮站。这 4 个轨道段有 2 个飞向陆地和 2 个飞离陆地，分别对应于上升和下降轨迹。卫星的飞行方向用图 3.9 中的传递标记的方向表示。本书中用到的验潮数据从夏威夷大学海洋学中心（UHSLC：University of Hawaii Sea Level Center ），网址 https：//uhslc. soest.hawaii.edu/下载，根据验潮站数据的可用时间范围，选取了研究中的卫星高度计数据周期。表 3.1 介绍了本书中 4 个研究地点 Jason-2 数据的简要情况。

表 3.1 各研究区域 Jason-2 数据简介

区域	轨迹	起止周期	时间范围	方向
Los Angeles，USA	119	2-238（234）	2008 年 7 月—2014 年 12 月	升轨，飞向陆地
Cape May，USA	228	2-238（234）	2008 年 7 月—2014 年 12 月	降轨，飞离陆地
Funchal，Portugal	061	2-202（196）	2008 年 7 月—2013 年 12 月	升轨，飞向陆地
Ko Lak，Thailand	242	2-262（260）	2008 年 7 月—2014 年 12 月	降轨，飞离陆地

注：括号中的数字指可用周期的数量。

为了保留尽可能多的测量结果，SGDR 和 PISTACH 产品没有进行数据编辑。本书的研究中比较了 9 种重跟踪算法，包括 SGDR 中的 ICE、OCEAN 和 MLE3 算法，PISTACH 的 3 种算法（ICE3，OCE3，RED3）和另外 3 种改进算法（Ori-TR，MW-TR，DW-TR）。表 3.2 列出了 4 个研究区域内离岸 10 km 范围内的各重跟踪算法的 20 Hz 数据可用率，其中到海岸线的距离大致由卫星地面轨迹与海岸线交叉点的沿轨道距离表示。OCEAN 和 OCE3 的数据可用率在沿海地区是非常低的。OCE3 只成功改正了 54%的返回波形，与 PISTACH 产品中海洋波形的比例接近。由于 OCE3 数据可用性低，在下面的讨论中没有考虑 OCE3 算法。

表 3.2 研究区域近岸 10°km 内各种重跟踪算法的数据可用性分析

区域	20 Hz 数据数量/pt	海洋波形/%	Retracker/%								
			ICE	OCEAN	MLE3	ICE3	OCE3	RED3	Ori-TR	MW-TR	DW-TR
Los Angeles	8 082	57	100	92	100	99	57	97	100	100	100
Cape May	8 265	74	100	97	100	100	74	99	100	100	100
Funchal	6 746	53	100	70	100	100	52	100	100	100	100
Ko Lak	8 569	30	100	66	100	99	30	88	100	100	100
Mean	7 916	54	100	81	100	99	54	96	100	100	100

3.3.2 大地水准面比较分析

以 3 σ 作为标准剔除粗差后，比较距离海岸线 10 km 水域的多种重跟踪算法恢复的海面高与大地水准面的标准偏差。图 3.10 为 4 个研究区域的标准差的直方图，表 3.3 展示了剔除超限周期（>3σ）前后的平均偏差和各重跟踪改正的海面高的精度优化程度（IMP：Improving Percentage）。表 3.3 中，Cal. SD 为剔除粗差后的标准差，在后续的表格中均是这样表述，下划线标识的数字表示最高精度和最大 IMP 值。表 3.3 中还列出了有效数据的百分比和无效周期数。

总体而言，DW-TR 的性能比其他算法要好，DW-TR 保留大部分数据点（97%），且精度改进最大，校准前后的 IMP 分别为 82%和 89%，比 ICE 和 ICE3 的精度分别提高了 5%和 15%。使用相同的 20%的阈值，DW-TR 比 Ori-TR 和 MW-TR 高出 9%和 34%。这表明波形净化过程可以有效地降低海岸波形中的叠加噪声。总体而言，3 个基于模型的重跟踪算法（OCEAN，MLE3 和 RED3）比阈值法丢失了更多数据，并且精度改进不足。甚至在区域（a）中，OCEAN 和 MLE3 重跟踪结果比原始 SSH 更差。显然，波形中的冗余峰值将导致使用布朗模型的拟合波形与实际波形严重偏离。尽管 RED3 应用了滤波来过滤波形，但其改进并不显著。

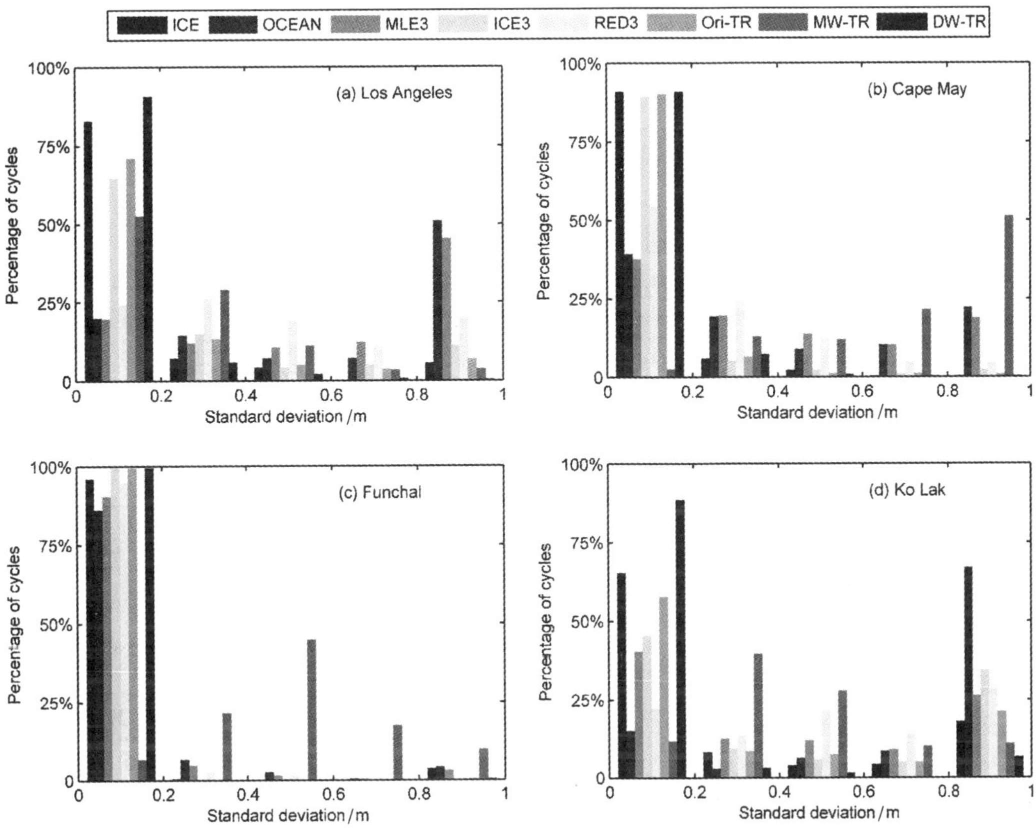

图 3.10 4 个研究区域各重跟踪海面高相对于大地水准面高的标准偏差直方图

表 3.3 各研究区域中近岸 10 km 内恢复海面高与大地水准面的差值的平均标准差

Region（a）: Los Angeles								
Retracker	**ICE**	**OCEAN**	**MLE3**	**ICE3**	**RED3**	**Ori-TR**	**MW-TR**	**DW-TR**
SD（cm）/IMP（%）	32/68	128/-28	120/-20	56/44	94/6	46/54	39/61	25/75
Cal. SD(cm)/IMP(%)	20/79	109/-15	103/-8	35/63	63/34	29/69	35/63	18/81
Valid data（%）	96	77	97	94	92	95	99	97
Invalid cycle	5	2	5	9	7	8	1	1
Region（b）: Cape May								
Retracker	**ICE**	**OCEAN**	**MLE3**	**ICE3**	**RED3**	**Ori-TR**	**MW-TR**	**DW-TR**
SD（cm）/IMP（%）	36/82	85/58	64/68	31/85	59/71	32/84	117/42	31/85
Cal. SD(cm)/IMP(%)	15/92	64/67	56/71	16/92	34/82	17/91	94/51	17/91
Valid data（%）	97	85	98	96	93	97	97	97
Invalid cycle	1	3	2	5	2	2	1	1
Region（c）: Funchal								
Retracker	**ICE**	**OCEAN**	**MLE3**	**ICE3**	**RED3**	**Ori-TR**	**MW-TR**	**DW-TR**
SD（cm）/IMP（%）	30/68	26/73	21/78	10/89	17/82	14/85	64/33	14/85
Cal. SD(cm)/IMP(%)	10/89	18/81	14/85	9/90	13/86	9/90	61/34	9/90
Valid data（%）	96	69	96	99	97	99	99	99
Invalid cycle	6	6	6	1	5	1	1	1
Region（d）: Ko Lak								
Retracker	**ICE**	**OCEAN**	**MLE3**	**ICE3**	**RED3**	**Ori-TR**	**MW-TR**	**DW-TR**
SD（cm）/IMP（%）	77/60	135/30	71/63	118/39	107/45	86/55	71/63	35/82
Cal. SD(cm)/IMP(%)	49/74	127/33	60/68	93/51	72/62	56/70	57/70	16/92
Valid data（%）	95	53	97	96	84	94	96	94
Invalid cycle	9	3	6	4	11	10	8	14
Average over four regions								
Retracker	**ICE**	**OCEAN**	**MLE3**	**ICE3**	**RED3**	**Ori-TR**	**MW-TR**	**DW-TR**
SD（cm）/IMP（%）	44/70	94/33	69/47	54/64	69/51	45/70	73/50	26/82
Cal. SD(cm)/IMP(%)	24/84	80/42	58/54	38/74	46/66	28/80	62/55	15/89
Valid data（%）	96	71	97	96	92	96	98	97
Invalid cycle	5.3	3.5	4.8	4.8	6.3	5.3	2.8	4.3

图 3.10 中的直方图也说明了 DW-TR 是最稳健的算法。在所有 4 种研究区域中，DW-TR 恢复的海面高中 SD<0.2 m 的周期超过总周期数的 85%。在所有的重跟踪算法中，

OCEAN 重跟踪算法的稳健性较差。在区域（a）和（d）中，可以发现过半周期的 OCEAN 算法改正观测值的精度大于 0.8 m。此外，MW-TR 的精度（<0.2 m）周期的频率相对较少，在区域（b）尤其明显，这个结果表明 MW-TR 改正值在很多周期中的精度在波形修正之后甚至出现恶化。

3.3.3　验潮站数据比较分析

图 3.11 显示了区域（a）中各重跟踪改正的沿海（0 ~ 10 km）海面高变化的示例，图中的高程为移去了平均海面高的高程异常。图中不难发现 SGDR 和 PISTACH 产品的测量值比 DW-TR 的结果噪声大得多。在图 3.11（a）中，OCEAN 和 MLE3 恢复的 SSH 显然比 ICE 结果更分散；图 3.11（b）则表明很多周期内 ICE3 和 RED3 恢复的 SSH 在与验潮站数据偏差较大；图 3.11（c）分别显示了 3 个阈值法的结果，分别使用原始波形、修正波形和净化波形。其中，DW-TR 恢复的 SSH 与验潮站数据最为一致。可以明显地看出，MW-TR 估计的时间序列中存在许多偏离的周期。

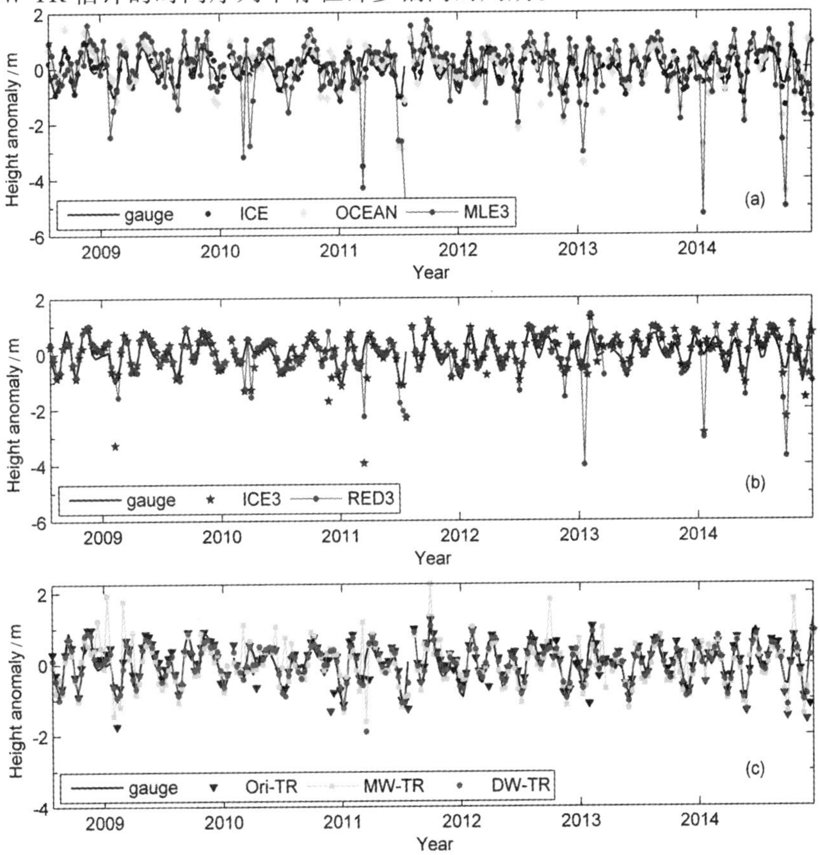

（a）3 种 SGDR 算法；（b）3 种 PISTACH 算法；

（c）20%阈值法分别处理原始波形、校正波形和净化波形

图 3.11　洛杉矶验潮站近岸水域（0 ~ 10 km）不同重跟踪方法的海面高变化

表 3.4 总结了 4 个研究区域的统计结果。结果显示，DW-TR 结果取得最小的标准差和最高的精度改进效率，同时也取得最多的有效数据和最少的无效周期。此外，DW-TR 呈现高度异常与验潮站数值的相关性最高，也是唯一的平均相关系数高于 0.9 的重跟踪算法。与 Ori-TR 相比，DW-TR 在校准前达到 40%（30 ~ 50 cm），在校准后达到 33%（20 ~ 30 cm），同时观察到 MW-TR 的精度降低，仅在区域（d）中 MW-TR 的表现比 Ori-TR 好。ICE 比 SGDR 和 PISTACH 产品的算法更稳定。在一些情况下（例如在区域 b 附近），ICE 提供了与 DW-TR 类似的结果。在某些情况下，OCEAN、MLE3、ICE3 和 RED3 出现负 IMP，这表明这些重跟踪改正的可靠性较差。尽管 PISTACH 的改正算法是为沿海测高数据改进而开发的，但其优化程度仍需逐一评估。例如，ICE3 在区域（c）中的结果较好，但在其他区域则比在 ICE 中的更差。

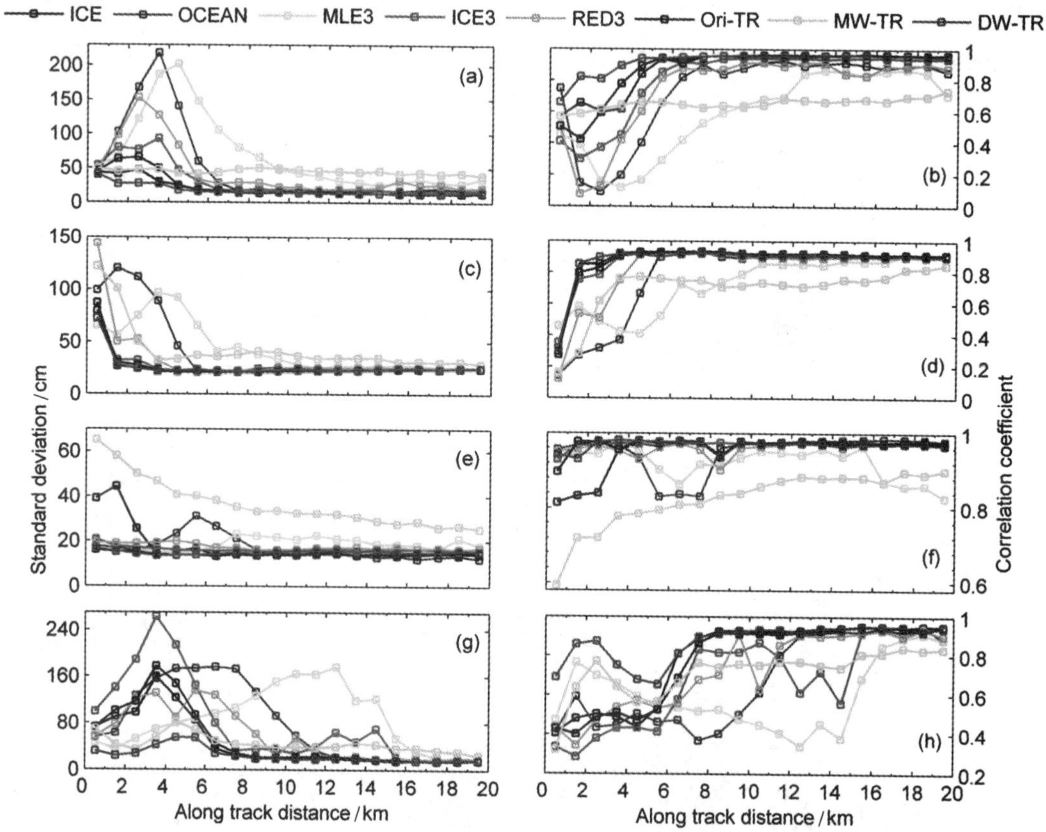

图 3.12　近岸 20 km 水域内不同重跟踪算法恢复海面高相对于验潮站数据的标准差（左图）以及相关系数（右图）

为了分析每种重跟踪方法测量海面高精度与海岸线距离的关系，计算出近岸 20 km 内每隔 1 km 间距的标准差和相关系数，如图 3.12 所示。由图中可以看出，DW-TR 在 10 km 海域内的所有区域下都达到了最小的标准差和最高的相关性，同时在 10 ~ 20 km 的区域内表现与 OCEAN、ICE 和 Ori-TR 接近。它可以将测量结果扩展到离岸 1 km，并且取得几乎一致的准确度和数据差距以及高度相关性，除了在区域（d）。区域（d）中选定的卫星轨道的中段向有一段陆地突出[见图 3.9（d）]，导致沿轨 4 ~ 6 km 处的误差较大、相关性较低。正如预期的那样，当越靠近海岸线时，COEAN 的表现越差。图 3.13 显示了 10 km 内每个距离间隔中各重跟踪改正的数据缺失。从 7 km 处开始，OCEAN 算法的无效周期数远大于其他方法。尽管有时 OCEAN 在靠近海岸线时能得到优于其他算法的精度，也是基于剔除了大量的数据得到（见图 3.13）。

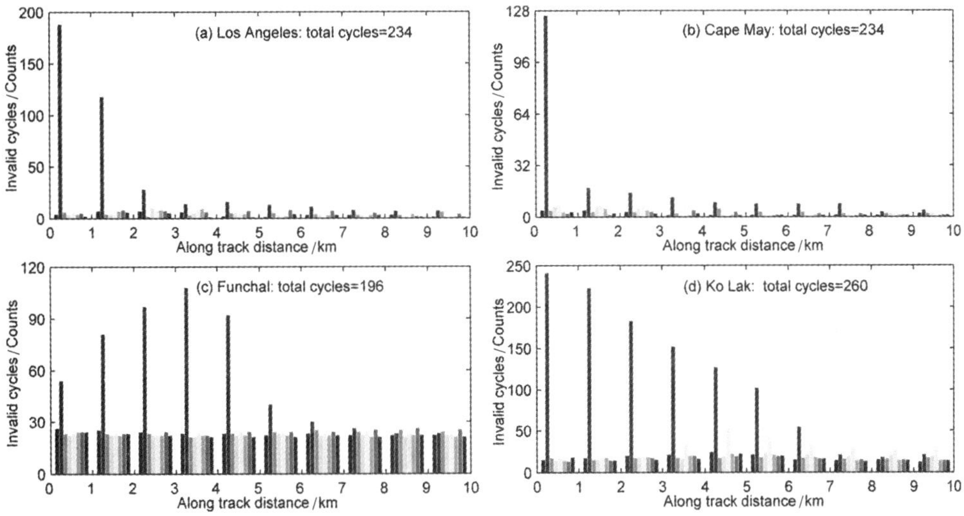

图 3.13　各研究区域近岸 10 km 内每千米不同重跟踪算法的无效周期数

表 3.4　各研究区域近岸 10 km 重跟踪算法恢复海面高相对于验潮站数据的精度统计

Region(a): Los Angeles								
Retracker	**ICE**	**OCEAN**	**MLE3**	**ICE3**	**RED3**	**Ori-TR**	**MW-TR**	**DW-TR**
SD(cm)/IMP(%)	34/65	69/31	103/-4	55/44	58/41	41/59	46/53	<u>22/78</u>
Cal. SD(cm)/IMP(%)	21/76	55/37	76/13	35/60	34/61	24/72	37/57	<u>17/81</u>
Valid data(%)	98	76	97	95	92	98	98	97
Invalid cycles	3	4	6	6	7	6	6	1
Correlation	0.89	0.6	0.43	0.77	0.75	0.82	0.7	0.95
Region(b): Cape May								
Retracker	**ICE**	**OCEAN**	**MLE3**	**ICE3**	**RED3**	**Ori-TR**	**MW-TR**	**DW-TR**
SD(cm)/IMP(%)	<u>33/56</u>	88/-19	82/-10	41/45	71/4	36/51	50/32	35/53
Cal. SD(cm)/IMP(%)	<u>22/63</u>	46/23	44/26	24/60	26/57	23/62	39/35	<u>22/63</u>
Valid data(%)	97	85	97	97	93	97	97	97
Invalid cycles	1	1	3	2	1	1	1	1
Correlation	0.92	0.65	0.69	0.9	0.89	0.92	0.73	0.92

续表

Region (c): Funchal								
Retracker	**ICE**	**OCEAN**	**MLE3**	**ICE3**	**RED3**	**Ori-TR**	**MW-TR**	**DW-TR**
SD(cm)/IMP(%)	51/36	39/51	24/69	16/80	17/78	27/66	41/48	14/82
Cal. SD(cm)/IMP(%)	18/68	19/65	15/72	16/71	16/71	13/76	35/37	13/76
Valid data(%)	98	76	97	95	92	98	98	97
Invalid cycles	25	24	24	22	23	22	24	22
Correlation	0.9	0.93	0.93	0.97	0.97	0.98	0.83	0.98
Region (d): Ko Lak								
Retracker	**ICE**	**OCEAN**	**MLE3**	**ICE3**	**RED3**	**Ori-TR**	**MW-TR**	**DW-TR**
SD(cm)/IMP(%)	89/6	143/-51	94/1	133/-41	122/-29	94/0	56/41	49/49
Cal. SD(cm)/IMP(%)	57/36	113/-27	75/15	104/-17	56/36	58/34	36/60	27/70
Valid data(%)	91	51	94	91	81	91	92	92
Invalid cycles	20	15	17	17	20	21	18	18
Correlation	0.67	0.47	0.61	0.58	0.72	0.64	0.76	0.84
Average over four regions								
Retracker	**ICE**	**OCEAN**	**MLE3**	**ICE3**	**RED3**	**Ori-TR**	**MW-TR**	**DW-TR**
SD(cm)/IMP(%)	52/41	85/3	76/14	61/32	67/24	50/44	48/44	30/66
Cal. SD(cm)/IMP(%)	30/61	58/25	53/32	45/44	33/56	30/56	37/47	20/73
Valid data(%)	96	72	96	95	90	96	96	96
Invalid cycles	12.3	11	12.5	11.8	12.8	12.5	12.3	10.5
Correlation	0.85	0.66	0.67	0.81	0.83	0.84	0.76	0.92

3.3.4 与 ALES 产品比较分析

在上述的比较结果表明，沿海测高中以 Brown 模型为基础的重跟踪方法（OCEAN、MLE3、RED3 和 OCE3）效率低下。显然，由于非海洋表面叠加的回波引起的沿海波形的变化，应用于 Brown 模型的最大似然估计量不能准确改正。另一方面，海岸波形中的污染可能会干扰波形振幅的估计，从而导致经典重跟踪算法改正后的海面高精度较低。总体而言，由于受异常峰值的影响，OCOG 法和阈值法计算的海面高往往是被低估的。这可以解释为什么使用原始波形的经验重新追踪（ICE，ICE3 和 Ori-TR）在沿海距离上具有不一致的精度（见图 3.14），并且具有相对大量的无效周期（见表 3.3 和表 3.4）。

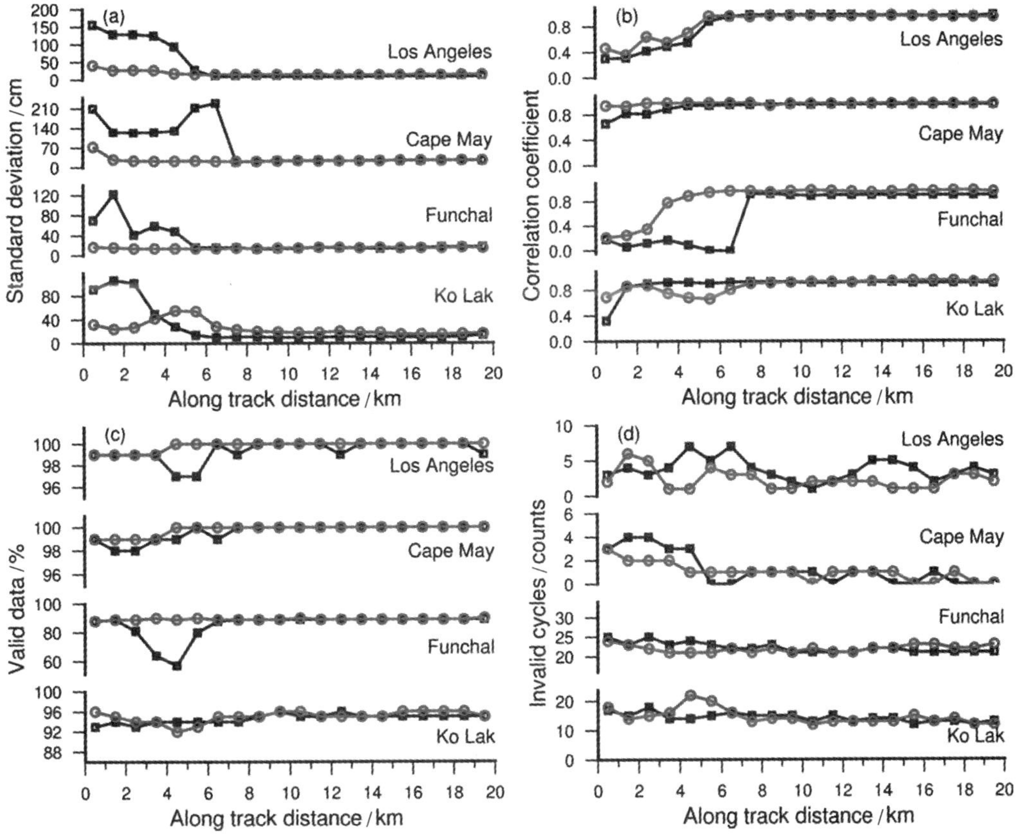

（a）标准差；（b）相关系数；（c）数据可用率；（d）无效周期数

图 3.14　4 个研究区域 ALES 产品和 DW-TR 算法比较

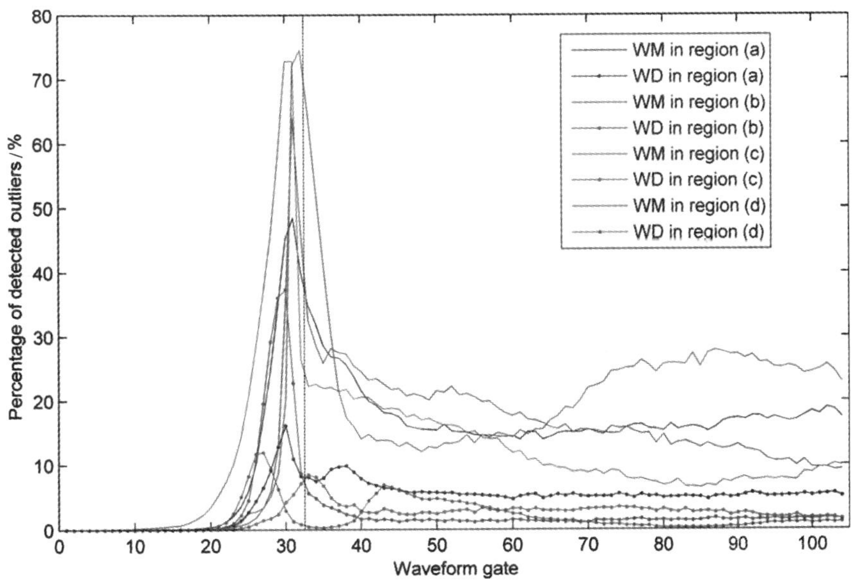

图 3.15　4 个研究区域中 WM 和 WD 方法探测出波形异常的采样点分布

子波形技术可以提高观测的精度，但在波形有多个峰值或峰值过多的情况下，很难准确提取出子波形。异常峰值可能会误导前缘的判断，导致高度估计严重偏差。这是因为 ICE3 和 RED3 算法用于重跟踪改正的仅为部分样本，在某些情况下改正性能较差、数据有效性较低。为了进一步讨论近岸地区子波形重跟踪的性能，我们分析了 4 个研究区域的最先进的 ALES（自适应前沿子波）产品。ALES 使用自适应窗口挑选包括前缘在内的子波形，并用最小二乘估计对经典 Brown 模型进行建模[128]。根据图 3.14 的结果，ALES 在离岸约 8 km 处能有效地工作。最好的情况是在泰国的 Kolak 附近，ALES 的 SSH 比从 DW-TR 距岸 4 km 的精度高得多。然而，ALES 结果显示在非常接近陆地的地区显著退化。 在日本的对马岛周围发现了同样的结果[141]，这表明 ALES 并没有完全克服近岸海洋准确子波形提取的难题。

在本质上，WM 和 WD 并不是直接改进重跟踪算法，而是要净化波形，在某种程度上类似于子波形技术。子波形法通过选择每个波形的一部分来排除被污染的样本，而校正过程为通过一些经验方法来检测和修正异常样本。

正如第 3.2.2 节所指出的那样，波形前缘的偏移将导致 WM 算法的失败。在陆地-海洋或海洋-陆地过渡区域，这些变化将经常由跟踪算法引入，该算法基于确定波形能量的重心[142]。移位的波形前缘中的大部分采样点将被 WM 方法误判为异常值（见图 3.15）。因此，在 4 个试验区域，对校正前后的波形进行重跟踪改正，没有达到相似的平均精度。从图 3.15 可以看出，WD 检测到的异常值远远小于 WM 检测到的异常值。本书中提出的 WD 方法成功地克服了 WM 的不足，所有的结果都验证了基于 WD 净化波形的 DW-TR 重跟踪算法的改进效果最好。

3.4 内陆水域改进波形净化技术

上文中提到利用波形净化的技术，可以去除测高回波波形中的“陆地污染”引起的异常峰值；利用净化过后的波形进行重跟踪改正，测高观测精度取得大幅提升。目前，卫星测高技术广泛应用于内陆水文研究，同样是由于受到内陆水域的面积所限，卫星测高的观测精度远落后于传统水文观测手段。因此，本研究尝试利用改进波形重跟踪方法，提高测高技术在内陆水文观测的精度。

上文中指出水陆交界区域波形净化方法的前提是利用开阔水域（0 ~ 10 km）提取参考波形，因而该种方法仅适用于沿海水域或面积较大的湖泊、水库。事实上，内陆的多数湖泊并不满足这一前提。本书提出一种改进的参考波形，即利用滤波消除异常波峰后的波形作为参考波形，用于净化测高波形。该方法的优点在于：① 不需要大面积的开阔水域计算参考波形，适用于多数小面积的水域；②实现参考波形的动态选取；③ 参考波形与实际波形更加接近，既能校正波形的异常波峰部分，同时避免了波形前缘偏移的问题。

图 3.16 为扎日南木错中某周期的 Saral 测高回波波形。从图中可看出：在湖泊中间位置（纵轴 40 ~ 100 区间），波形未受陆地污染影响，呈现规则的似海洋波形；在靠近湖泊边缘的两端，波形后缘均出现异常波峰。右图为处理过的波形，靠近湖泊边缘的异常波峰被准确地探测并剔除；右图中湖泊中间位置的部分波形也出现了波形剔除现象。

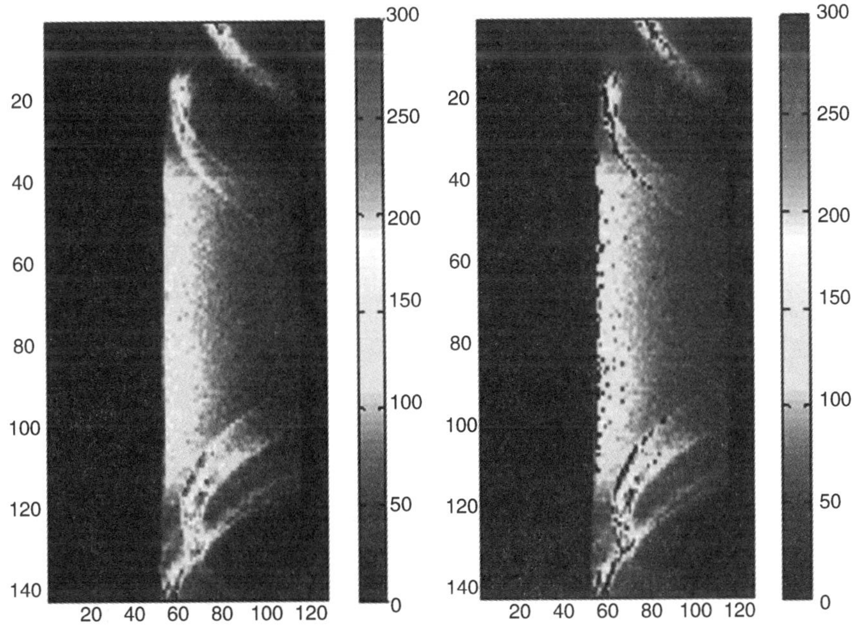

图 3.16　Saral 测高卫星回波波形数据集（以扎日南木错为例）

图 3.17 分别为波形数据集中两个靠近陆地的回波波形；上图为距岸 1 km 的波形，波形总体呈“尖锥波形”，浅色和深色实线分别为滤波计算的参考波形和净化后的波形，修剪后的波形消去了部分异常波峰；下图为距岸 4 km 的波形，波形后缘出现较大的异常波峰，利用参考波形消去了部分异常波形，而总体波形没有大的调整。由此可看出，本书提出的改进方法能进行参考波形的动态选取，初步完成内陆水域的波形净化。该方法在改进内陆水域测高观测精度方面的表现，需要利用水文观测数据进行检核。由于青藏高原多数湖泊中无法获取长时间的水位观测数据，因此仅以 4 个青藏高原湖泊水文站数据作为外部检核资料，分析本书提出的波形净化方法的精度。

本书以青藏高原中少数布设了水文观测站的湖泊作为研究区域，通过高精度的实测湖水位数据分析改进波形净化方法在湖泊水位监测中的应用。图 3.18 介绍了青海湖、纳木错、扎日南木错、羊卓雍错等湖泊的测高轨迹和水文站分布，表 3.5 为研究区域中测高轨迹编号、起止周期和水位数据起止时间。由于 T/P 系列的轨迹间距远大于 ERS 系列卫星，研究区域的 4 个湖泊中，仅扎日南木错有 T/P 测高卫星经过。在湖水位计算中，扎日南木错选用 Jason-2 数据，其余湖泊选用 Envisat 数据。

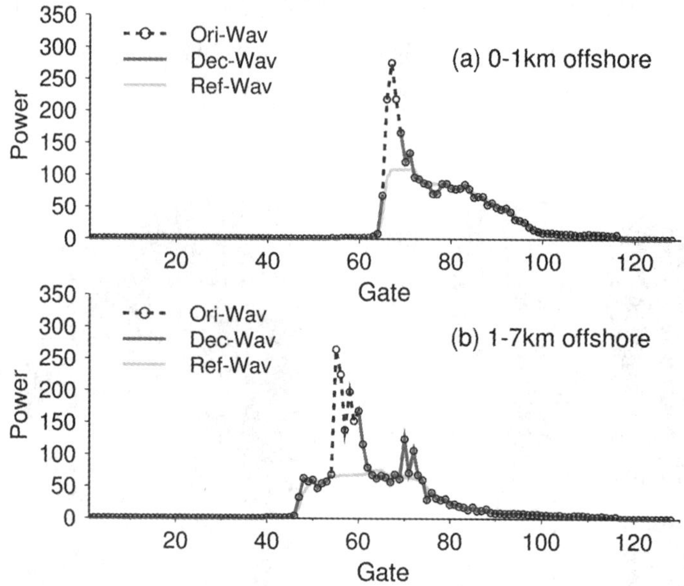

图 3.17 探测测高波形中的异常波峰

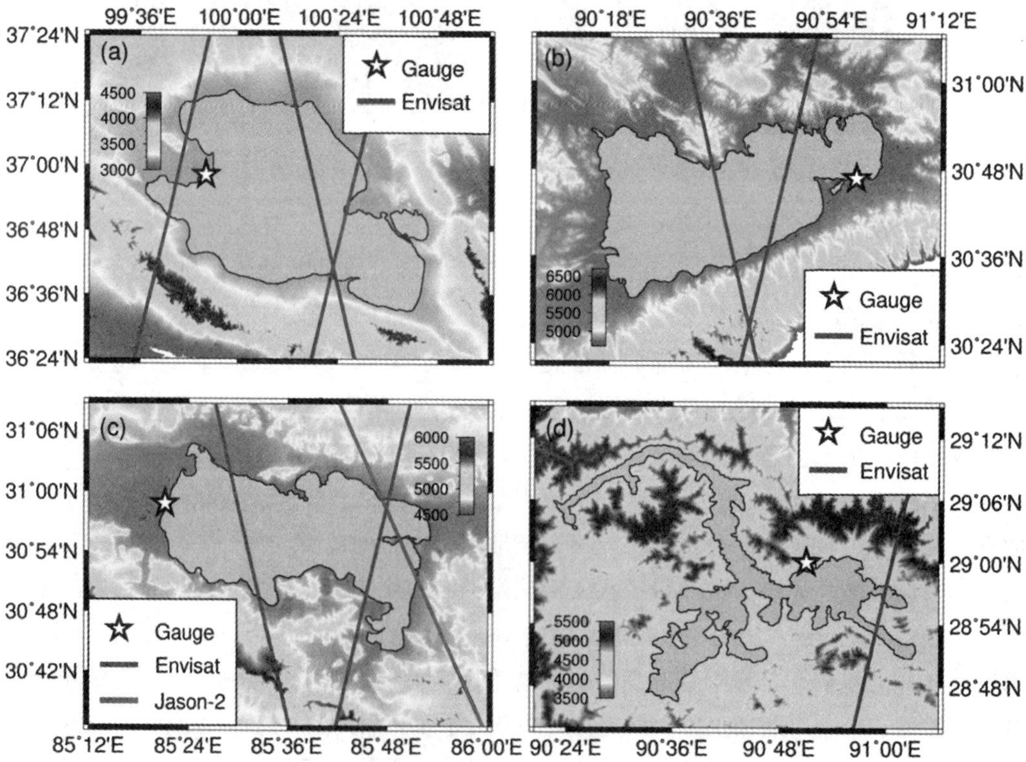

图 3.18 青藏高原湖泊波形重跟踪算例的研究区域

表 3.5　改进波形净化算例中测高、水文站数据介绍

编号	湖泊名称	J2	EN	测高数据起止周期	水文数据起止时间
A0001	青海湖	—	552、479	C012-C085	01/2003 - 12/2009
A0002	纳木错	—	165、524	C037-C085	06/2005 - 01/2013
A0010	羊卓雍错	—	982	C011-C085	12/2002 - 01/2014
A0004	扎日南木错	90	324、967	C064-C239（J2）	04/2010 - 12/2014

图 3.19 为测高观测湖水位和水文站观测湖水位对比，经过多种重跟踪改正后的测高观测数据均能取得和水文站观测较为一致的水位数据，其中青海湖、纳木错、羊卓雍错三个湖泊的最为接近。表 3.6 统计了几种重跟踪改正的结果与水文站观测结果的对比，从表中可看出，4 个湖泊的测高观测数据精度均达到分米级。利用水文站和测高观测数据计算出湖泊水位变化趋势，其中位于黄河流域的青海湖和内流区南部的纳木错为稳定上涨[趋势分别为（11.7 ± 0.45）cm/a 和（5.5 ± 8.2）cm/a)，内流区西南部的扎日南木错表现为略微上涨[（0.6 ± 1.4）cm/a]，雅鲁藏布江流域中的羊卓雍错则为快速下降[（－46.5 ± 4.0）cm/a]。

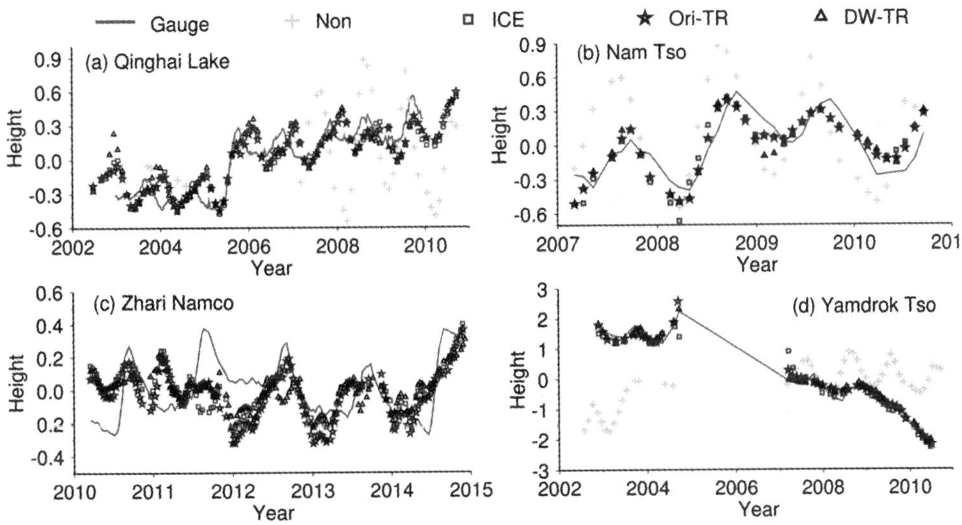

图 3.19　青藏高原部分湖泊测高观测湖水位与水文站数据对比

结合表 3.6 和图 3.18 不难发现，青海湖和纳木错的湖泊水域开阔，选用的测高轨迹非常长（分别为 59 km 和 25 km），简单地剔除湖泊边缘的观测数据，就能避免“陆地污染”的影响。在青海湖和纳木错中，分别是未改正及对原始波形的阈值法改正的测高数据计算湖水位与水文站观测数据最为接近（精度分别为 10.4 cm 和 14.1 cm）。在波形净化过程中，可能由于部分湖泊中间位置的波形被调整，从而影响波形前缘的判定，因而

波形净化方法在这两个湖泊中的精度仅次于最优结果。在扎日南木错和羊卓雍错中，可以发现测高轨迹的长度较短，“陆地污染”会对测高波形产生重要的影响，未经任何改正的测高数据精度极差，在羊卓雍错中甚至只有 157.64 cm。在这两个湖泊中，对净化后的波形用阈值法改正的水位数据精度取得最优，分别达到 20.2 cm 和 14.6 cm。结果说明，本书针对内陆水域提出的波形重跟踪方法，对于削弱测高波形中的“陆地污染”及提高测高数据精度有明显作用，而对于波形净化中可能会出现的过度校正问题，需要通过测试不同的滤波方法来加以改进。

表 3.6 青藏高原部分湖泊测高观测湖水位精度统计　　单位：cm

项　目		Gague	Ori-Non	Ori-ICE	Ori-TR	DW-TR
青海湖	STD	—	10.8	15.03	15.72	12.54
	趋势	11.7 ± 0.45	9.02 ± 0.45	9.33 ± 0.51	8.4 ± 0.56	9.43 ± 0.44
纳木错	STD	—	36	17.52	14.1	16
	趋势	5.5 ± 8.2	13.83 ± 8.2	− 1.1 ± 13.8	11.1 ± 7.4	10.9 ± 7.7
扎日南木错	STD	—	51	28.8	27.4	20.2
	趋势	0.6 ± 1.4	11.0 ± 3.8	− 0.2 ± 1.7	− 0.3 ± 1.8	1.1 ± 1.4
羊卓雍错	STD	—	157.64	25.21	15.9	14.6
	趋势	− 46.5 ± 4.0	− 23.9 ± 18.0	− 44.22 ± 4.3	− 44.0 ± 4.6	− 44.0 ± 4.4
平均	STD	—	63.9	21.6	18.3	15.8

本算例利用多种测高卫星观测青藏高原 4 个湖泊水位变化，并与水位站数据进行比较，以分析内陆水域改进波形重跟踪方法的可行性。从试验结果中看到，测高计得出的水位与水文站的观测结果高度相关，并很好地发现出水位变化的季节信号，重跟踪改正后的测高数据也可用于监测湖泊的水位变化。卫星测高技术可以作为传统水文观测的有效补充，特别是在数据贫乏的偏远地区。然而，测高测量精度仍低于现场测量数据的精度，这是限制技术的关键。高度计的重复周期为 10 天甚至更长，对于监测内陆水域变化仍然过于粗糙，融合多源测高数据是解决这个问题的一个办法。

3.5 本章小结

过去大量研究表明波形重跟踪算法是提高测高数据精度的有效方法，本章首先介绍了卫星雷达高度计重跟踪基本概念，随后介绍了过去几种经典的波形重跟踪技术的基本原理，包括 OCOG 算法、β_5 参数法、阈值法，以及在此基础上改进的 Ocean、ICE-1、

ICE-2 和 Sea-ice 波形重跟踪算法。

水陆交界处测高产品的精度优化一直是研究的热点问题，由于受到“陆地污染”的影响，当测高卫星经过水陆交界处上空时，返回波形的后缘中出现异常峰值，使得经典重跟踪方法改进效果较差。本章介绍了目前国内外相关领域的研究进展，并提出新的波形净化技术，削弱波形中异常峰值的影响。该方法的主要思想是利用参考波形判断近岸波形中的异常峰值，对识别出的异常峰值进行处理，结合改进的算法进行波形重跟踪改正。该方法的主要优点是利用离岸 0 ~ 20 km 波形计算参考波形，与近岸波形更加接近，避免了异常峰值误判的问题；对识别出的异常峰值赋空值处理，避免了重新插值引起的波形变形的问题。

本章以 4 个验潮站附近水域为研究区域，利用大地水准面和验潮站数据分析本书提出的波形净化方法与目前的算法及成熟的测高产品的表现。与大地水准面的比较中，波形净化方法在保留了大部分数据点（97%），同时较未重跟踪改正的海面高数据的精度提高了 89%，且在数据利用率和精度方面均优于其他算法；利用本书方法计算海面异常与验潮站数据的相关性达到 90%，精度达到 20 cm，均优于其他成熟近海产品的表现。

针对内陆水域面积较小的特点，提出一种改进的波形净化技术，即利用滤波后的波形作为参考波形，用于消除波形中的异常峰值。该方法实现了参考波形的动态选取，且选取的参考波形与实际波形更加接近。通过 4 个青藏高原湖泊的水文站数据比较，结果显示平均精度为 15.8 cm，其中在水域较窄的扎日南木错和羊卓雍错的精度提高更为明显，表明该方法适用于提高内陆湖泊测高数据的精度。

本章的研究工作为后续的青藏高原湖泊测高数据处理提供了技术支持。

第 4 章

青藏高原湖泊变化观测技术及数据处理方法

4.1 基于卫星测高技术观测湖泊水位变化

4.1.1 多源卫星测高数据融合

卫星测高技术为海洋学和水文学提供了准确的观测数据。随着测高技术日益成熟，不同任务的测高观测计划逐渐实施，极大地推广了测高卫星任务的运用范围。联合多种测高卫星数据，可以充分发挥各测高卫星的优势。然而不同测高卫星数据之间存在时间基准与坐标基准的差异，要综合利用多种测高卫星数据，首先应该对不同测高数据的参考基准进行转换。不同测高卫星的时间基准见表 4.1，本研究统一时间系统为简化儒略日（MJD）。另外，多种测高卫星数据还存在参考椭球和参考框架的差异，表 4.2 列举了相关测高卫星的参考椭球参数。参考椭球参数、定位和定向的差异可以导致测高观测数据的最大差距达到约 0.71 m。因而在联合数据处理时，必须将多种卫星所使用参考椭球转换到同一参考椭球。本书中将参考椭球统一为 WGS-84 椭球。

表 4.1　各测高卫星系统时间基准

测高卫星	参考时间
Topex/Poseidon、Jason-1	1958-1-1
GFO	1985-1-1
ERS-1、ERS-2	1990-1-1
Jason-2、Jason-3、Envisat、Saral、ICESat、Cryosat-2	2000-1-1

表 4.2　各测高卫星参考椭球参数

测高卫星	长半轴	扁率
GFO、Topex/Poseidon、Jason-1、Jason-2、Jason-3	6 378 136.3	298.257
Envisat、Saral、ICESat、Cryosat-2	6 378 137	298.257 223 6
Envisat	6 378 137	298.257 223 563

为了消除各种地球物理改正、环境改正，测高数据观测值中要加入各种改正，多种

多代的测高卫星中选取的改正模型存在一定的差异。而且不同卫星的参考框架不一致，导致各测高卫星观测值存在一定的系统偏差。这种系统偏差可以用原点的 3 个偏移量和一个整体的偏移量来表示，并通过参考框架转换的方式加以改正，转换关系通常用过渡框架或者交叉点计算[143-145]。

在海洋和开阔水域，由于测高数据能达到厘米级精度，转换参数可以准确计算；然而在内陆水域没有足够的交叉点，测高观测精度也大幅落后于海洋区域，计算出的转换参数不能保证精度的可靠性。为了提高测高数据的精度，本书在数据处理中使用到波形重跟踪，改正后的观测值会产生不同程度的偏差。因而通过参考框架转换的方法并不适用于内陆水域的多源测高数据融合。

本书尝试通过平差方法，消除各测高卫星数据中的粗差和它们之间的系统偏差；评估各测高卫星的精度表现并赋权，通过加权平均的方法可以改善单个卫星的观测精度，并获取长时间的水位时间序列。利用多源测高卫星计算水位变化误差方程可以表示为：

$$h(t_i) = a + bt_i + c\sin(\omega t_i) + d\cos(\omega t_i) + B_i + \varepsilon_i \tag{4.1}$$

其最小二乘估计解为：

$$\begin{cases} \hat{\boldsymbol{X}} = (\boldsymbol{A}^{\mathrm{T}} \bar{P} \boldsymbol{A})^{-1} \boldsymbol{A}^{\mathrm{T}} PL \\ P_i = \dfrac{1}{\sigma_i^2} \\ B_i = \bar{h}_{i+1} - \bar{h}_i \end{cases} \tag{4.2}$$

式中：t_i（i 为卫星编号，$i=1$，2，…，n）是以年为单位的时间；$X=[a, b, c, d, B_i]^{\mathrm{T}}$ 为待求参数，a 为水位时间序列的常数项，b 为水位线性变化速率，c、d 为年周期变化系数，B_i 和 ε_i 分别为各卫星的系统偏差和随机误差；$\boldsymbol{A}$ 为方程系数矩阵；P 为各卫星的权重。

多源测高数据融合的步骤为：首先，剔除各测高卫星数据中的粗差，并评估测高数据的精度。其次，选取一组卫星作为基准（通常选取数据质量较好的卫星），对其余测高卫星数据逐次进行高程改正，以公式（4.2）消除不同测高数据的系统差，得到包含多种高度的水位时间序列。最后，用最小二乘法对消除高程偏差后的水位数据进行平差处理，得到最终的水位时间序列，并分析水位变化的季节性变化及长期趋势。

由于湖泊水域面积有限，多数湖泊仅有一到两种测高卫星轨迹经过。然而，青藏高原中部的赤布张错是个特殊情况，本书研究用到的卫星均经过这个湖泊。因此，赤布张错是测试测高数据融合的最佳选择。图 4.1 为利用经过赤布张错的多源测高数据计算湖泊水位时间序列。图 4.1（a）为该湖泊水域上各测高卫星的轨迹分布，从图中可以看出，有 5 种卫星数据经过该湖泊，包括 Cryosat-2、ICESat、GFO、T/P 系列卫星和 ERS 系列卫星。各测高卫星轨迹的间距较大，因而需要考虑大地水准面的影响，尤其是 Cryosat-2 卫星的轨迹分散在整个湖泊，各测高轨迹点的大地水准面差距最大达到 0.2 m。在本研究中，将各卫星的大地水准面统一转换成 EGM2008 模型（Earth Gravity Model 2008）。

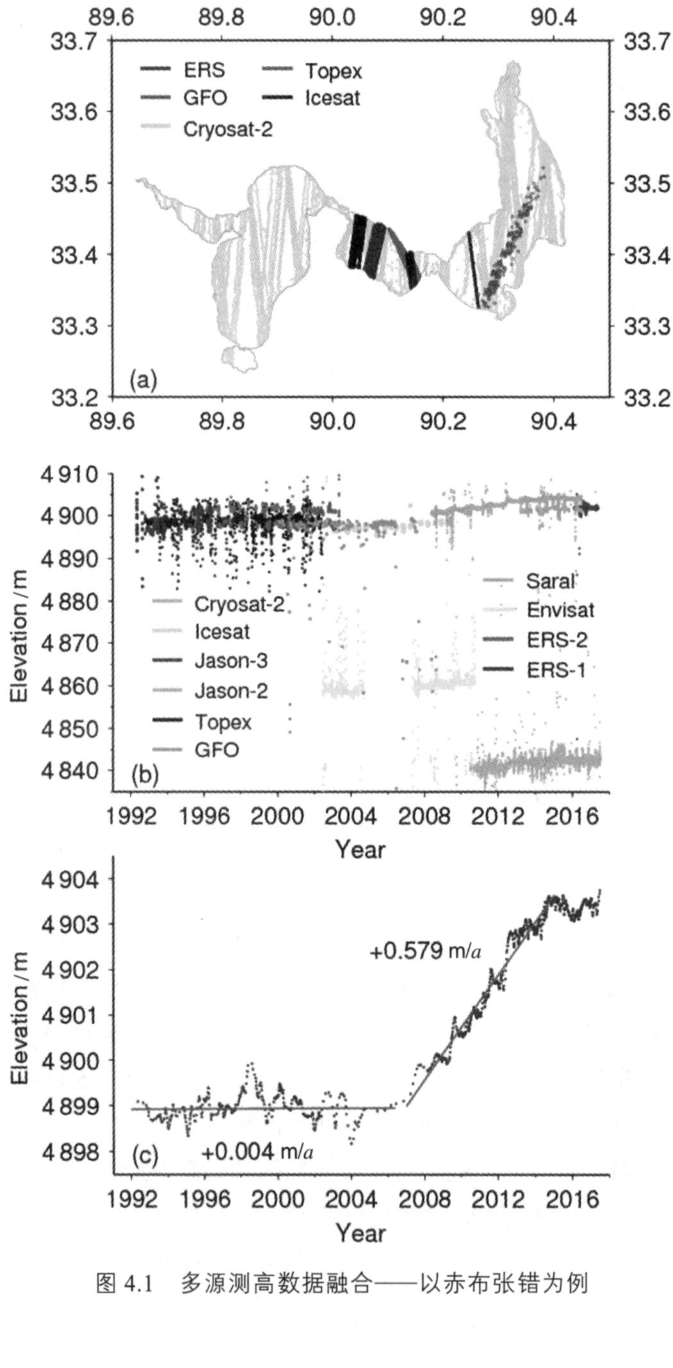

图 4.1　多源测高数据融合——以赤布张错为例

从图 4.1（b）中可看出，不同测高观测数据之间存在较大的系统偏差。上述测高水位数据可明显分成 3 部分：Cryosat-2、Envisat 和其他卫星。3 个部分的水位高差非常大。其中，Cryosat-2 卫星到第一部分卫星的水位差距甚至超过 60 m，可能是 Cryosat-2 卫星的 Level-2 产品中预设重跟踪点的偏差引起的；第一部分的多个卫星的水位高差较小，约为正负 2 m 区间内。图 4.1（c）展示融合多种测高数据获取的水位时间序列，水位数据的时间范围延伸到 1992—2015 年，且能明显地观测到水位的季节性变化。从时间序列中能发现 1992—2006 年为水位稳定阶段（+0.4 cm/a），2007—2015 年为水位快速上涨阶段（+57.9 cm/a），2015 年以后水位增长趋势减缓，后续的水位变化趋势仍需更长的水文观测数据加以分析。

4.1.2　测高数据自动化提取湖泊水位

在青藏高原地区，分布着数以千计的大小湖泊，面积超过全国湖泊面积总和的 51%。利用多种卫星测高数据对这些湖泊进行水位监测，因而本书提出青藏高原湖泊测高数据的自动化处理方案，可以快速准确地观测众多青藏高原湖泊水位变化。该方案总体上由测高数据批量提取和自动生成水位时间序列两个步骤。

1. 测高数据批量提取

利用卫星测高数据计算湖泊水位变化的前提是用湖泊边界数据将测高卫星星下点区分出湖泊和陆地部分。因此，为了实现青藏高原湖泊测高数据的批量提取，可以考虑先用遥感影像确定青藏高原地区的湖泊边界图。此外，湖泊的边界也可以由全球湖泊数据库提供，目前常用的数据库有美国地理信息局（NGA：National Geospatial-Intelligence Agency）发布的 SWBD（SRTM Water Body Data）数据库（网址：https：//dds.cr.usgs.gov/srtm/version2_1/SWBD/），以及德国卡塞尔大学建立的全球湖泊和湿地模型（GLWD-2：Global Lakes and Wetlands Database：www.worldwildlife.org/ pages/ global-lakes-and-wetlands -database）。本研究中利用 1995 年的遥感影像提取青藏高原水体数据，这个时期青藏高原分布有 1 048 个面积超过 1 km^2 的湖泊，如图 4.2 所示。用地理信息软件 ArcGIS 将整个区域的湖泊按照面积大小编号，并将每个湖泊的边界数据输出边界文件；利用 Matlab 软件编程序读取多种测高卫星的 SGDR/GDR 文件，按照湖泊的边界文件批量计算湖水位必要的测高观测值、改正数、波形数据等参数（图 4.3）；以湖泊编号、测高卫星类型、起止观测周期为识别码，输出测高数据的.mat 文件，以便于后续的数据处理。

图 4.2 1995 年青藏高原地区>1km^{2}湖泊分布图

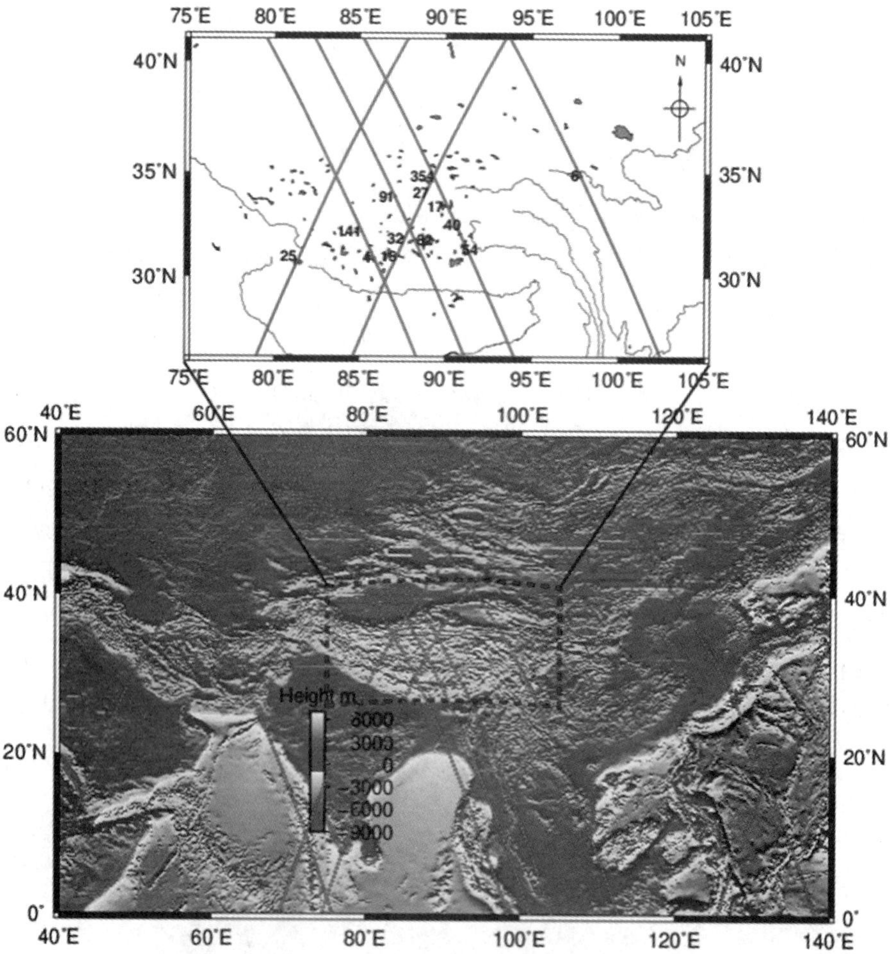

图 4.3 青藏高原湖泊测高数据批量提取示意图

2. 自动生成水位时间序列

对提取出的测高数据经过数据预处理、多次粗差剔除、高斯滤波处理后得到最终的水位变化时间序列，湖泊水位变化时间序列自动化处理流程见图 4.4，具体数据处理步骤如下：

进行测高数据预处理，包括数据编辑、地球物理改正、环境改正、波形重跟踪改正等。由于测高数据中不免包含很多粗差，用 30 m 分辨率的 SRTM（Shuttle Radar Topography Mission）提取湖泊的椭球高的均值湖泊水位的参考高程，以参考高程加减 30 m 为阈值，删除部分错误的观测值。SRTM 模型的 C 波段数据从美国地址调查局（USGS：United States Geological Survey）下载（网址：https：//earth explorer.usgs.gov/），30 m 分辨率的 SRTM 模型垂直方向绝对精度为 16 m、水平方向绝对精度为 20 m，可以满足测高数据粗差剔除的需要。

（1）对 SGDR 产品中的测高观测值进行数据编辑、地球物理改正以及波形重跟踪改正，利用四分位数据查找数据分布最集中的区域。

（2）利用中位数分析每周期的测高观测值，剔除超过 3 倍中误差的数据。

（3）计算湖水位的平均值以及绝对偏差和标准差，并剔除绝对偏差超过 3 倍中误差的周期。

（4）使用移动中值滤波，窗口选为 6 个轨迹重复周期，将剔除粗差后的时间序列进行高斯滤波处理，得到最终的湖泊水位时间序列。

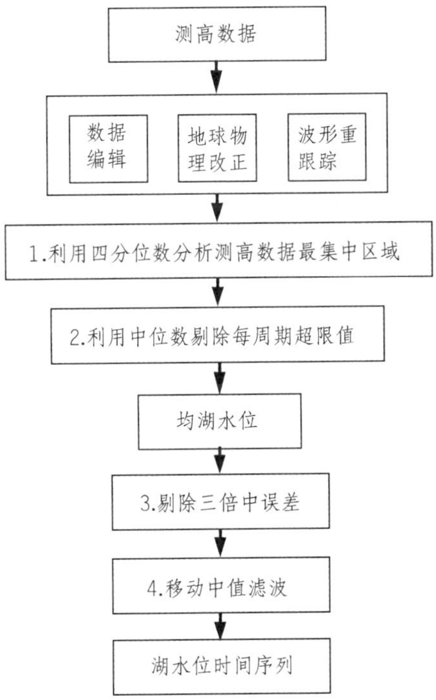

图 4.4　湖泊水位变化时间序列自动化处理流程

图 4.5 为利用 T/P 测高数据按照上述数据处理流程计算昂孜错 1993—2003 年水位变化时间序列示意图。图 4.5（a）中实线和虚线分别为数据中位数和数据集中区域的上限和下限，该步骤筛剔除 37 个周期测高观测数（1 524 个观测点）；图 4.5（b）中深色为利用中分位数剔除粗差后保留的测高观测值，该步骤后保留 258 个周期（5 257 个观测值）；图 4.5（c）分别为湖泊平均水位和中误差；图 4.5（d）为利用移动中值滤波剔除粗差后的湖水位时间序列以及每周期保留的测高观测值数量，该步骤过后保留 205 个周期测高观测数据，每周期湖水位的平均中误差为 24.6 cm。最终的水位时间序列中可看出明显的季节性变化趋势，水位在 1998 年从下降转为上升趋势。该算例说明了上述数据处理方案的可行性，利用这种逐次剔除粗差的方法可以稳定地获取水位变化的准确观测数据。

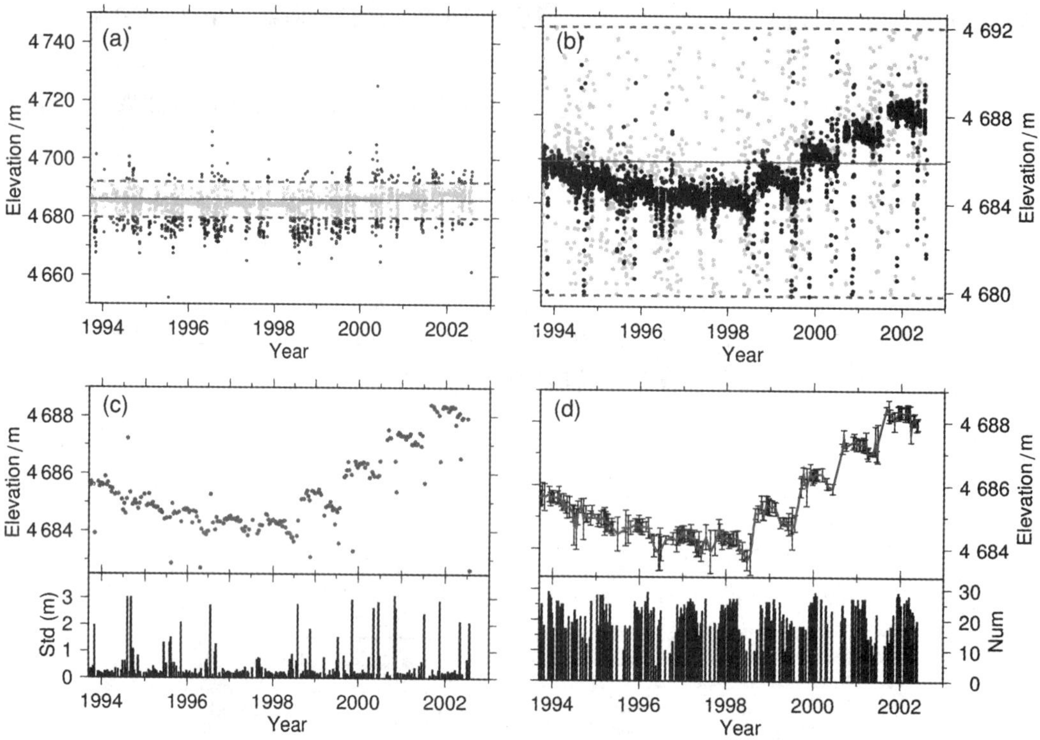

图 4.5　利用 1993—2003 年 T/P 测高数据计算昂孜错水位变化时间序列

通过对融合后的多源测高数据的预处理、波形重跟踪改正、湖水位计算等工作，得到长时间的湖水位时间序列。为了估算湖泊水位的总体变化趋势，本书使用一维线性模型模拟湖水位变化，并用最小二乘法将以下等式拟合到观测值来估计趋势（或湖面水位变化率）：

$$y = a + bt + c \cdot \sin(2\pi t) + d \cdot \cos(2\pi t) + \varepsilon \tag{4.3}$$

式中：y 为湖泊水位；t 为时间（以年为单位）；b 是湖泊水位变化趋势；由于季节性降水对于湖水位变化影响巨大，估计水位变化趋势时应考虑季节性的差异；c、d 即为季节性参数；ε 为拟合误差。另外，由于各卫星的重复周期不同，加之数据缺失的影响，计算水位变化趋势时，需要对时间序列进行重新采样。

图 4.6 为融合多源卫星测高数据提取昂孜错湖泊水位变化时间序列，从图中可以明显看到 1992—1997 年水位持续下降，由于气候变化的原因，1997 年开始由降转升，2015 年湖水位达到最高点。根据公式（4.3）计算得到 1992—1997 年和 1998—2015 年昂孜错湖水位变化趋势分别为（ − 0.36 ± 0.42 ）m/a 和（+0.43 ± 0.01 ）m/a。

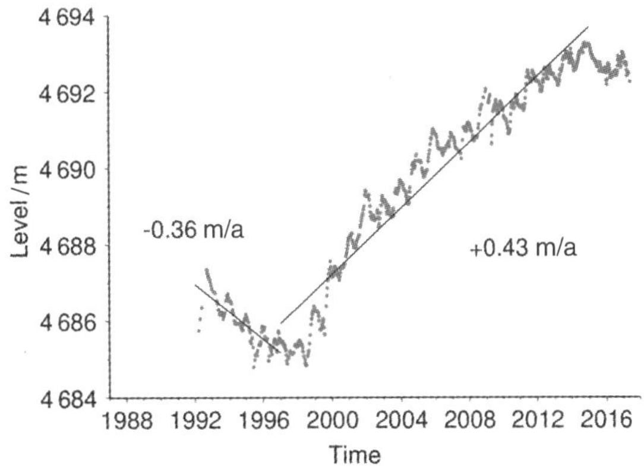

图 4.6　融合多源测高卫星数据观测 1992—2017 年昂孜错湖泊水位变化

4.2　利用遥感技术观测湖泊面积变化

4.2.1　Landsat 系列遥感卫星介绍

Landsat 系列遥感卫星是美国国家航空航天局（NASA）和美国地质调查局（USGS）联合开发的一组遥感卫星，旨在对地球表面进行高分辨率、多光谱、全球覆盖的观测。Landsat 卫星已经成为遥感领域的重要研究工具，并在环境、资源、气候等领域得到了广泛应用。截至 2021 年，Landsat 系列卫星已经发射了 9 颗卫星，包括 Landsat 1 至 Landsat 9，参数如表 4.3 所示。

以下是 Landsat 系列遥感卫星的详细介绍：

Landsat 1 ~ 3 卫星：Landsat 1 ~ 3 卫星于 1972 年至 1983 年发射，是第一批商用遥感卫星，被称为 ERTS（地球资源技术卫星）。它们使用多光谱扫描仪（MSS）进行观测，覆盖范围为 185 km，分辨率为 80 m。这些卫星的主要目标是对地球表面的资源进行监测，以支持自然资源管理和环境保护。

Landsat 4 ~ 5 卫星：Landsat 4 ~ 5 卫星于 1982 年至 1999 年发射，是第一批使用遥感数据实现全球地图制图的卫星。它们使用多光谱扫描仪（MSS）和高分辨率遥感仪（TM）进行观测，分辨率分别为 30 m 和 120 m。这些卫星的主要目标是对地球表面的环境和资源进行监测，以支持自然资源管理和环境保护。

Landsat 6 卫星：Landsat 6 卫星于 1993 年发射，但由于发射失败而无法正常运行。这颗卫星使用了新的传感器，包括以较高分辨率（15 m）和更广泛的波长范围进行观测的扫描线相机（SLC）和增加了热红外波段的遥感仪（ETM）。

Landsat 7 卫星：Landsat 7 卫星于 1999 年发射，是目前仍在运行的卫星。它使用高分辨率遥感仪（ETM+）进行观测，包括 8 个波段，分辨率为 15 ~ 60 m。该卫星的主要目标是支持地球科学研究和环境监测。

Landsat 8 卫星：Landsat 8 于 2013 年发射升空。它使用高分辨率遥感仪（OLI）和热红外传感器（TIRS）进行观测，可提供分辨率为 15 ~ 100 m 的数据，包括 11 个光谱波段。它可以捕捉可见光、近红外、短波红外和热红外波段的图像，以及可以探测土地表面温度的热红外数据。Landsat 8 卫星可以捕捉地球表面的多光谱高分辨率图像，可以在全球范围内重复观测每个地区，以便了解地球上陆地和水域的变化情况。

Landsat 9 卫星：Landsat 9 卫星于 2021 年 9 月发射升空。它是 Landsat 系列遥感卫星的最新成员，也是继 Landsat 8 之后的第二颗操作卫星，为全球科学家、资源管理者和政策制定者提供了监测地球表面的新工具。Landsat 9 卫星可以提供分辨率为 15 ~ 100 m 的影像数据，包括 11 个光谱波段，以便对地球上的陆地和水域进行监测，也能够通过探测土地表面温度的热红外波段来研究气候变化。

表 4.3　Landsat 系列遥感卫星介绍

卫星参数	Landsat 1	Landsat 4	Landsat 5	Landsat 7	Landsat 8	Landsat 9
发射时间	1972-7-23	1982-7-16	1984-3-1	1999-4-15	2013-2-11	2021-9-27
卫星高度	920 km	705 km	705 km	705 km	705 km	705 km
倾角	99.125°	98.22°	98.22°	98.2°	98.2°	98.6°
覆盖周期	18 d	16 d	16 d	16 d	16 d	16 d
扫幅宽度	185 km	185 km	185 km	185 km	180 km	185 km
波段数	4	7	7	8	11	11
机载传感器	MSS	MSS、TM	MSS、TM	ETM+	OLI、TIRS	OLI-2、TIRS-2
运行情况	1978 年退役	2001 年 6 月 1 日传感器失效，退役	2013 年 6 月退役	有条带	正常运行至今	正常运行至今

4.2.2　Landsat 系列遥感影像

Landsat 系列遥感卫星通过搭载多光谱传感器，可以捕捉到地球表面的各种光谱波段的信息，包括可见光、近红外、短波红外和热红外等。这些影像数据可以用于研究土地利用、地表变化、水资源、气候变化等方面，具有重要的应用价值。Landsat 系列遥感卫星获取的影像具有以下特点：

（1）高空间分辨率：Landsat 系列卫星的光学传感器可以提供高达 30 m 的空间分辨率，即每个像素代表地球表面 30 m 的区域。这种高分辨率的影像可以显示出地表的细节和精细的特征，为土地利用变化、城市扩张、森林砍伐等提供了准确的数据基础。

（2）多光谱波段：Landsat 系列卫星的光学传感器能够捕捉多种光谱波段的信息，包括可见光、近红外、短波红外和热红外等，可以提供不同光谱波段下的影像数据，帮助用户获取更多的地表信息。

（3）长时间序列：Landsat 系列卫星已经发射了多颗，自 1972 年以来，已经产生了长达数十年的遥感影像数据，这使得用户可以获得长时间序列的影像数据，用于研究地球表面的变化和演化。

（4）开放数据政策：Landsat 系列遥感数据是公开可用的，任何人都可以免费下载和使用。这种开放的数据政策大大促进了遥感数据在科学研究、环境监测和商业应用等方面的应用。

青藏高原大部分地区环境恶劣，交通条件差，常规的监测手段难以开展工作，遥感技术是监测青藏高原湖泊面积的有效补充手段。本研究用到的遥感影像数据来自美国地质调查局（网址：http：//earthexplorer.usgs.gov/），选取 1992—2016 年的 Landsat 系列卫星的 TM、ETM+、OLI（Operational Land Imager）影像。青藏高原湖泊面积有明显的季节变化，为了消除湖泊的季节性差异的影响，本研究选取的遥感影像为每年的 10、11 月。另外，由于云层会影响遥感影像判定，对星下地物的识别与分类造成困难，降低了影像的数据利用率。因而在下载遥感影像时，设置云量参数为 10%，即过滤云层超过影像面积 10%的遥感影像。

4.2.3　遥感影像提取湖泊边界

遥感影像预处理是遥感图像处理中不可或缺的一个环节，它是指在进行遥感图像分析前，对原始遥感图像进行处理和转换，以提高图像质量和信息量，便于后续的分析处理。以下是遥感影像预处理的详细介绍。

1. 辐射校正（Radiometric Correction）

由于不同天气、地理位置、时间等因素的影响，同一场景下采集到的遥感图像会存在辐射度的差异，而辐射度是表征图像亮度的一个重要指标，因此需要进行辐射校正。常用的辐射校正方法有大气校正、相对辐射校正和绝对辐射校正等。大气校正主要考虑到大气吸收、散射等因素的影响，以恢复地物表面的辐射度；而相对辐射校正和绝对辐射校正则是针对不同遥感传感器的辐射度差异，以某种方法将其统一到一个辐射度水平。

2. 几何校正（Geometric Correction）

遥感图像的几何失真主要包括平移、旋转、缩放和形变等，而几何校正是对这些失真进行纠正的过程。几何校正主要依靠空间定位点或地标进行校正，可以通过地面控制点或遥感图像上特征点的匹配来实现。常用的几何校正方法有二次多项式法、三次多项式法和 DEM 校正法等。

3. 影像增强

影像增强是通过图像处理方法改善遥感影像的视觉效果，使得图像更容易被人类视觉系统识别和解释。影像增强的方法有很多种，常见的影像增强技术包括：直方图均衡化、拉伸变换、锐化滤波、噪声抑制、色彩增强和空间分辨率增强。

4. 影像配准

遥感影像配准是指将不同时间、不同位置、不同传感器拍摄的遥感影像对准到同一坐标系下，以方便进行后续的影像处理和分析。常用的影像配准方法包括基于地物控制点的配准、基于特征点匹配的配准、基于相位相关的配准方法和基于图像变换的配准方法。

5. 影像融合

影像融合是指将多个遥感影像（如多光谱影像、高光谱影像、雷达影像等）进行合成，生成一个具有更高时空分辨率的新影像。影像融合是遥感影像处理中的重要技术，影像融合的方法有很多种，根据处理流程的不同可以分为点操作融合、区域操作融合和基于模型的融合。

6. 影像裁剪

影像裁剪是将一幅大范围的遥感影像根据需要切割成多个小范围的图像。影像裁剪可以用来提取感兴趣的区域，减少数据处理的时间和计算量，也可以用来生成特定尺寸和分辨率的图像。影像裁剪一般分为两种类型：基于坐标的裁剪和基于特征的裁剪。基于坐标的裁剪是通过指定裁剪的矩形框的左上角和右下角的像素坐标来完成。而基于特征的裁剪则是通过在影像中识别特定的地物或区域，并将其裁剪出来。

基于遥感影像提取地物信息的方法，主要有单波段法、比值法、谱间关系法以及监督分类法[146-148]。在水体信息提取方面，利用比值法改良得到水体指数来区分陆地和水体。归一化差异水体指数（NDWI：Normalized Difference Water Index）是使用最广泛的一种水体指数[66]，其原理是用遥感影像的特定波段进行归一化差值处理，以提取出影像中的水体信息。其公式为：

$$\mathrm{NDWI}=\frac{\mathrm{Band5}-\mathrm{Band3}}{\mathrm{Band5}+\mathrm{Band3}} \tag{4.4}$$

式中：Band3 为绿色波段；Band5 为近红外波段。该指数能够削弱混合像元因素的影响，选取 0 为阈值下限，可准确地区分出水体和陆地的边界，甚至可以提取出狭窄的河流；同时选取 0.05 为阈值上限，可以消除山体阴影带来的影响（图 4.7）。

其他常用的水体指数还有改进的归一化水体指数 MNDWI（Modified NDWI）、增强型水体指数（EWI：Enhanced Water Index）、高分辨率水体指数（HRWI：High Resolution Water Index）等[67，149，150]。

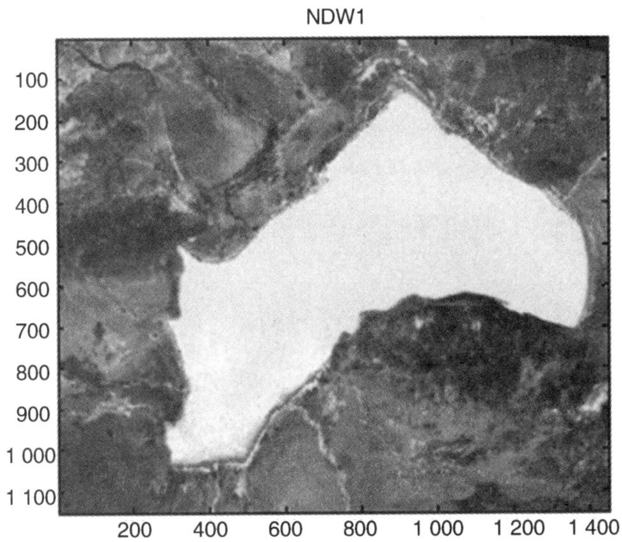

图 4.7　归一化水体因子提取湖泊边界

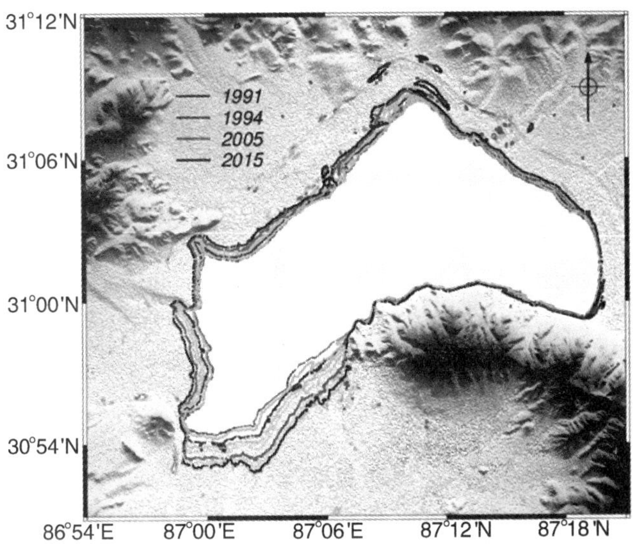

图 4.8　昂孜错多年水体提取因子法提取多年湖泊边界

图 4.7 和图 4.8 为利用 NDWI 提取昂孜错湖泊边界的例子，左图为 Band3 和 Band5 的遥感影像差分计算的 NDWI 指数。图中可看出水域的数值明显高于其他地物，表现为颜色差异，湖泊周围的小面积水域和入湖的河流均能清晰地区分出来。右下角为山脊处有部分山体阴影与水域的 NDWI 接近，需要测试不同的阈值将其与水体区分开。右图为利用 NDWI 指数提取的 1991—2015 年昂孜错湖泊边界变化，1991—2015 年（蓝色-咖啡色-红色-黑色）湖泊面积表现为先减小后持续增加，与测高观测结果基本一致。

4.2.4 计算湖泊面积变化趋势

利用不同时期湖泊面积计算湖泊变化趋势，其方法与水位变化趋势计算类似，由于不需考虑季节性影响，计算公式可简化为：

$$y = a_0 + b_0 t \tag{4.5}$$

式中：y 为湖泊面积时间序列；a_0 和 b_0 为估计参数，其中 b_0 为湖泊面积年变化趋势；t 为时间（以年为单位）。

图 4.9 为本书提取的昂孜错湖泊面积与 TPED（Third Pole Environment Databas）中的湖泊面积数据对比，本研究中的算例选取了 Landsat4 ~ 8 遥感影像，计算 1988—2017 年昂孜错的湖泊面积，TPED 中提供 1992—2015 年间隔 1 ~ 2 年的青藏高原湖泊面积。从图中可以看出，两者反映的湖泊面积变化趋势基本一致，经计算得到两者的平均绝对偏差为 4.6 km^2，约为湖泊总面积的 1.1%，小的差异可能是由于水体因子阈值的选取导致的。从图中可看出，遥感影像观测的湖泊面积变化与测高观测水位变化基本同步，利用公式（4.5）计算得到，1992—1997 年昂孜错湖面持续萎缩的速率为（ −4.61 ± 1.44）km^2/a，1997—2015 年的湖泊面积和扩张的速率为（+4.04 ± 0.52）km^2/a。

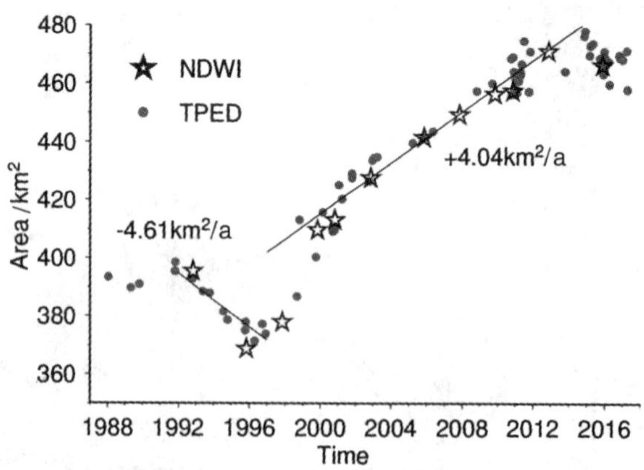

图 4.9 利用 NDWI 提取昂孜错湖泊面积与 TPED 数据库比较

图 4.10 中为昂孜错的面积与水位关系，从图中可看出该湖泊的面积与水位符合线性关系。区域内湖泊的总面积变化与平均水位变化同样符合一定的线性关系。由于多数情况下湖泊的面积与水位并不同时具备，利用已有湖泊的水位-面积关系建立统计模型，可以根据已知的水位变化推导出面积变化，反之同样成立。Landsat 系列卫星获取的遥感影像可以追溯到 1972 年，而卫星测高的最早的观测数据为 1992 年；因此，可以考虑利用湖泊水位-面积关系，推算出 1972—1992 年湖泊的水位变化情况。

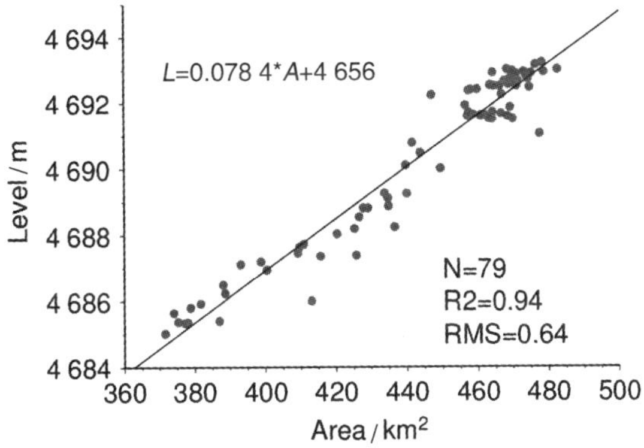

图 4.10　昂孜错的湖泊面积-水位关系

4.3　联合测高与遥感数据计算湖泊水储量变化

4.3.1　湖泊水储量计算方法

陆地水体水储量变化为气候变化研究提供了重要信息，在水资源日益紧缺的背景下，对陆地水储量变化进行准确的监测，是管理和合理利用水资源的前提。多数湖泊和大型水库位于偏远地区，使得传统的现场测量系统的部署和定期维护困难。综合遥感和卫星测高技术为监测全球水储量变化提供了新的观测手段，本书结合这两种卫星数据——Landsat 影响观测水体面积和多源测高卫星观测水位，以实现远程监控陆地水体水储量变化。

利用连续的湖泊水位和面积观测值，通过多项式函数拟合出湖泊水储量变化（ΔLWS：Lake Water Storage），拟合过程应包括 $F(L)$ 单调递增的约束条件（因为任何水位的增加必须伴随着水域的增加）。将时间序列拟合为平滑连续的函数关系，$A=F(L)$ 和体积可以通过简单积分得到[151]，拟合函数可表达如下：

$$\Delta V=\int_{H_0}^{H_1} F(L)\mathrm{d}L \tag{4.6}$$

式中：ΔV 为湖泊水储量变化；H_0 和 H_1 为单位时间间隔观测到湖泊的水位变化。

由于水位和面积无法实现连续观测，公式（4.6）仅为理想情况下的水储量计算方法。在湖沼学研究中，通常利用平截头体（截取尖锥的圆锥体）来模拟湖水储量，计算公式如下[152]：

$$\Delta V = (H_1 - H_0)\cdot\frac{(A_1 + A_0 + \sqrt{A_1 \cdot A_0})}{3} \tag{4.7}$$

式中：H_0 和 A_0 分别为 t_0 时刻湖泊的水位和面积；H_1 和 A_1 分别为 t_1 时刻湖泊的水位和面积；ΔV 是从 t_0 到 t_1 时刻的水储量变化。假设水储量初始值为零，各时间间隔水储量变化值累加得到最后的水储量。湖泊水位由多源卫星测高提供，湖泊面积的提取使用了与测高卫星获取日期最接近的遥感数据。这个假设对于水位较小的间隔是有效的，但水位变化太大时计算出的水储量误差较大。通常的做法是减少水位或者面积的观测间隔，保证各期观测数据差距差异足够小。

4.3.2 实例分析

由于两种卫星重复飞过同一水域的概率很小，且不是完全在同一天，因而需要将两种观测值中的一种插值到另一个的时间。在数据采样良好的情况下，可以使用线性插值。由于湖泊的水位和面积变化符合一定的周期规律，在数据采样较差时，使用正弦插值可以获得与实际值较接近的插值结果。目前，不同测高卫星的观测周期从 10 到 35 天不等，如果结合两到三种测高数据，采样率可以达到每月 3 ~ 4 次。在理论上，Landsat 图像的间隔时间可能短至 16 天，但由于云层、阴霾和其他运行条件限制，通常会更大。在某些地方（如青藏高原），云层可能连续长时间阻碍卫星观测，通常认为可用的 Landsat 图像出现频率<1 期/月。鉴于测高数据的重复周期远小于 Landsat 数据，通常将测高数据按遥感影像的时间重新插值。

图 4.11 以青藏高原西南部昂孜错为例说明利用湖泊水位、面积计算水储量变化，从上至下依次为昂孜错的面积、水位、水储量时间序列。从图中可看出，遥感影像观测湖水面积变化与测高观测水位变化基本同步。利用公式（4.7）计算得到 1992—1997 年和 1997—2015 年两个时间段中，昂孜错的水储量变化趋势分别为（-0.15 ± 0.06）Gt/a 和（0.176 ± 0.012）Gt/a，1992—2015 年的综合水储量变化趋势为（0.166 ± 0.011）Gt/a。该计算公式要求同时具备水位和面积观测数据，因而计算水储量的时间间隔受到遥感影像数据缺失的影响。

图 4.12 以昂孜错为例说明湖泊面积、水位和水储量三者的变化关系，图中可看出，面积-水储量、水位-水储量均可用线性函数表示。

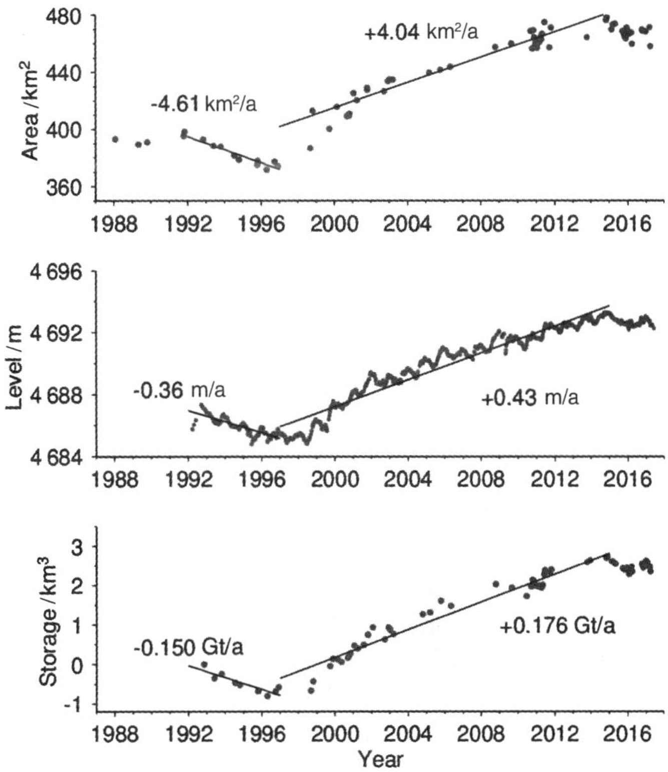

图 4.11　联合卫星测高与遥感影像分析湖泊水储量变化（以昂孜错为例）

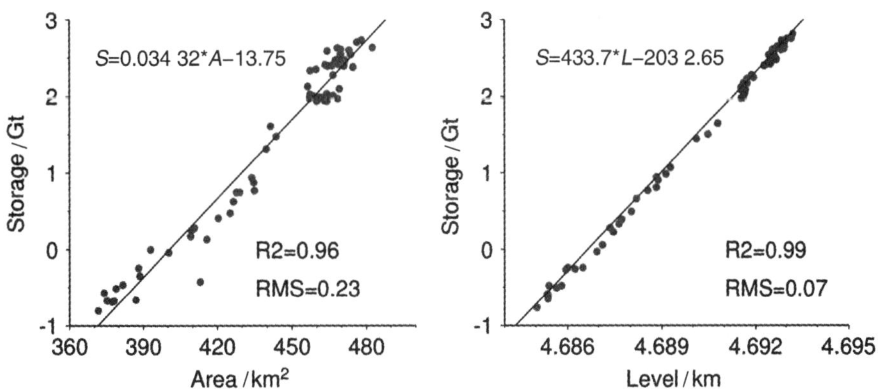

图 4.12　湖泊面积-水位-水储量变化关系（以昂孜错为例）

4.4 利用卫星重力观测陆地水储量变化

4.4.1 GRACE 重力卫星

重力恢复和气候实验 （GRACE）是 NASA 和德国航空航天中心（DLR）的联合任务，于 2002 年 3 月 17 日从俄罗斯的普列谢茨克航天发射场用运载火箭发射升空。航天器发射到大约 50 m 的初始高度 500 km，近极地倾角 89°（图 4.13）。两颗 GRACE 卫星（GRACE-1 和 GRACE-2），卫星沿轨道分开 220 km。这两个卫星围绕地球赤道以北和以南各自旋转，每隔约 30 d 就会重复一次轨道。GRACE 远远超过其 5 年的设计寿命，运行了 15 年，直到 GRACE-2 于 2017 年 10 月 27 日退役，其后继卫星 GRACE-Follow On 于 2018 年 5 月 22 日成功发射。

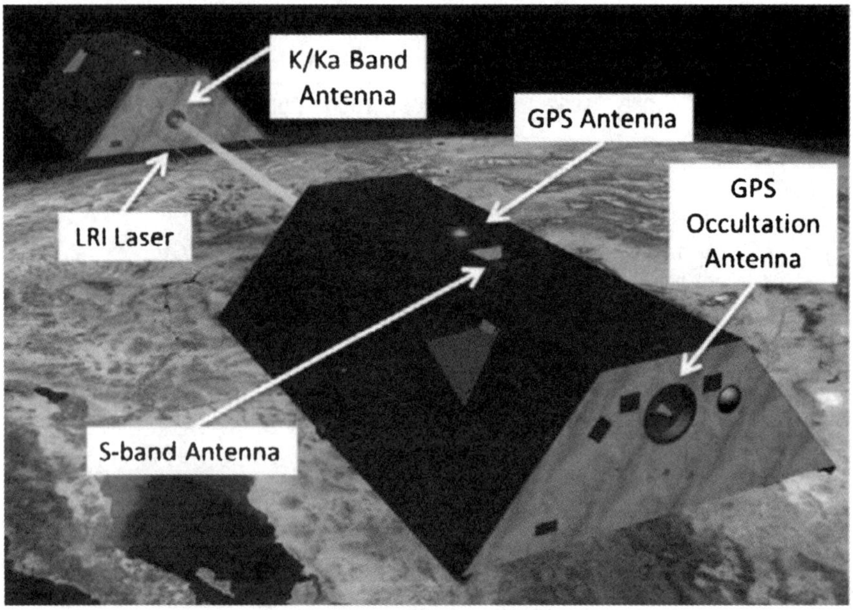

图 4.13 GRACE 双星系统

GRACE 卫星并不是通过传感器直接观测重力，而是利用卫星星座的低-低跟踪和高-低跟踪组合技术，即观测星间距离的变化及其残差来恢复重力场信息。该任务使用微波测距系统来准确测量两颗卫星之间的速度和距离变化，该测距系统足够灵敏，可以测量 220 km 距离内小至 10 μm 的间距变化。当双 GRACE 卫星每天绕地球 15 圈时，它们会感知地球引力的微小变化。当第一颗卫星经过重力稍强的区域（重力异常）时，它会被拉到后面卫星的前面，这导致卫星之间的距离增加。第一个航天器通过异常，并再次减速；后面的航天器加速，然后在同一点减速。通过测量两颗卫星之间不断变化的距离，并将该数据与全球定位系统（GPS）仪器的精确定位测量结果相结合，科学家们可以绘制出详细的地球重力异常图。GRACE 展示了质量如何分布在地球周围以及它如何随时间变化，是研究地球海洋、地质和气候的重要工具。

4.4.2　卫星重力时变重力场模型

卫星重力时变重力场是基于由 GRACE 卫星观测到的地球重力场变化数据，通过数学模型计算地球的质量分布随时间的变化，从而得出时变重力场模型。GRACE 反演的时变重力场模型主要分为两个部分：质量分布模型和重力势模型。

目前，国际上有多个机构发布不同阶次、时间分辨率的 GRACE 重力场模型，常用的数据为 CSR(Center of Space Research)、GFZ(GeoFor-schungsZentrum Postdam)、JPL (Jet Propulsion Laboratory) 提供的 90 阶次的 RL05 月重力场模型。另外，国内的同济大学、华中科技大学和武汉大学也推出了 60 阶次的时变重力场数据，可在 ICGEM (International Centre for Global Earth Models) 网站上下载。自 2002 年 3 月发射至今，GRACE 卫星已经进行连续十几年的重力观测，由此获得的重力场数据为陆地水储量、两极和格陵兰岛冰盖质量变化以及全球海平面变化等研究领域提供了宝贵的资料[153]。

4.4.3　利用 GRACE 数据计算等效水高原理

陆地水储量 (TWS：Terrestrial Water Storage) 是地球水循环中的重要组成部分，是地表水、地下水、土壤水、冰雪和其他植被含水量的综合体现。监测陆地水储量变化对于研究全球或区域水循环过程、合理利用水资源和防止自然灾害都有重要的意义。GRACE 卫星计划为陆地水储量研究提供了新的观测手段[154, 155]。GRACE 月重力场模型在扣除静态地球重力场的影响后得到的质量变化主要包括陆地水、冰雪和固体地球的质量变化，以及重力卫星观测数据的处理误差和选取的潮汐、大气和海洋模型等误差。本书选取采用德克萨斯大学空间研究中心 CSR 发布的 GRACE RL05 月重力场模型，根据[73, 156]推导由 GRACE 时变重力资料解算的等效水高如下：

$$\Delta H = \frac{a\rho_{\text{ave}}}{3\rho_{\text{water}}}\sum_{l=0}^{\infty}\sum_{m=0}^{l}\bar{P}_{lm}\frac{2l+1}{1+k_l}[\Delta C_{lm}\cos(m\lambda)+\Delta S_{lm}\sin(m\lambda)] \tag{4.8}$$

式中：a 为地球半径；ρ_{ave} 为地球平均密度(5 517 kg/m^3)；ρ_{water} 是水的密度(1 000 kg/m^3)；$\bar{P}_{lm}$ 是规格化缔合勒让德函数；k_l 为勒夫数；ΔC_{lm} 和 ΔS_{lm} 表示地球重力场球谐系数相对其均值的变化量；θ 和 λ 分别是地心余纬和地心经度。水储量变化可以用研究区域的面积与等效水高变化相乘得到，单位通常为 km^3 或者 Gt。

4.4.4 空间滤波方法

由于受卫星轨道、环境模型和地球重力场球谐系数等误差的综合影响，利用球谐系数计算的质量分布中包含明显的南北方向条带误差以及高频误差。为了有效消除观测误差，获取有效的质量分布信息，国内外学者提出了多种滤波方法[157, 158]。由于 GRACE 重力场球谐系数中的高阶误差过大，在数据处理中通常只截取约 100 阶的球谐系数，但保留下的球谐系数中的高阶系数中仍然存在明显的误差。高斯滤波利用滤波因子减小高阶系数的权重，以达到削弱重力场中高阶项误差的效果[73]。GRACE 反演结果中的南北方向条带误差产生的主要原因是月重力场球谐系数中存在系统性的相关误差，为此 Swenson 等提出了去相关滤波，用以消除球谐系数中的相关误差[159]。Zhang 等提出一种新的各向异性滤波器，同时对球谐系数的阶次均进行高斯滤波[59]；相比高斯滤波，Fan 滤波更有效地削弱条带误差，同时避免有效重力信号的损失。上述 3 种方法为常用的 GRACE 信号处理方法。除此之外，超能芳等将优化的高斯滤波法与均方根滤波法组合，提出一种各向异性组合滤波方法[160]；Panet 等通过小波分解处理 GRACE 信号，分析 2004 年 12 月至 2005 年 3 月的苏门答腊地区大地震中的质量迁移过程[161]。

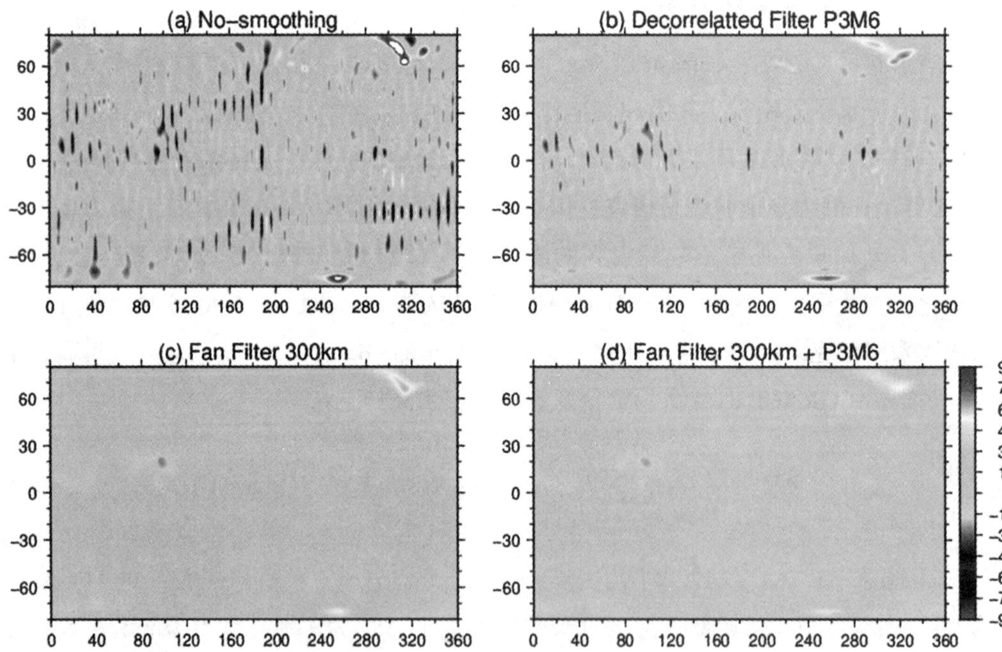

图 4.14 基于不同滤波方法获取的 2005 年 4 月全球质量异常分布

本研究中采用去相关滤波 P3 M6 与 300 km Fan 滤波的组合滤波方法处理 GRACE 数据[77, 162]。图 4.14 为利用 CSR 发布的 RL05 月重力场球谐系数，利用不同滤波方法计算出的 2005 年 4 月全球质量异常分布。由图 4.14（a）可知，未经滤波处理的信号中包含大量南北方向的条带误差，无法辨识有效的质量异常信息。图 4.14 中，经过去相关滤波处理后，高纬度地区中地条带异常现象得到有效的缓解，中低纬度仍有残余的条带误差。图 4.14（c）和 4.14（d）中可以看到，Fan 滤波处理后的信号较好，Fan 滤波和 300 km 去相关滤波组合方法进一步削弱了条带误差的影响，说明利用不同滤波的组合方法可以更好地获取有效的质量异常分布信息。图中可以看到，格陵兰岛和南极东部出现了明显的质量增加信号，东南亚和非洲中部出现了质量亏损信号。

4.4.5　尺度因子恢复信号泄露

使用滤波方法抑制噪声的同时也会造成信号的衰减[163]，数据处理中截断部分高阶球谐系数以及信号泄露问题，上述原因均会导致利用 GRACE 数据计算的质量变化受到影响。利用尺度因子恢复滤波引起的信号泄漏是 GRACE 数据处理中最为常用的方法之一[164, 165]。该方法利用 GLDAS（Global Land Data Assimilation System）水文模型中的参数计算陆地水储量变化，将水文模型的格网数据与月重力场数据按照公式（4.8）展开成球谐系数形式，并截取相同的阶次，通过相同的组合滤波方法处理，过滤部分异常信号，最后以残差平方和最小准则确定滤波前后质量变化信号的尺度因子[166, 167]。尺度因子可以通过最小二乘方法求解：

$$M = \sum (\Delta S - k\Delta S')^2 \tag{4.9}$$

式中：ΔS 和 $\Delta S'$ 分别为滤波前后的水储量变化值；k 为尺度因子。

由此可知，该方法确定的尺度因子的可靠性取决于水文模型能否准确反映水储量变化。本研究中利用分辨率为 $1^\circ \times 1^\circ$ 的 GLDAS _Noah 模型数据中的土壤水含量、雪水当量以及植被水之和来估计水储量变化，据此求解青藏高原地区的格网尺度因子，结果如图 4.15 所示。

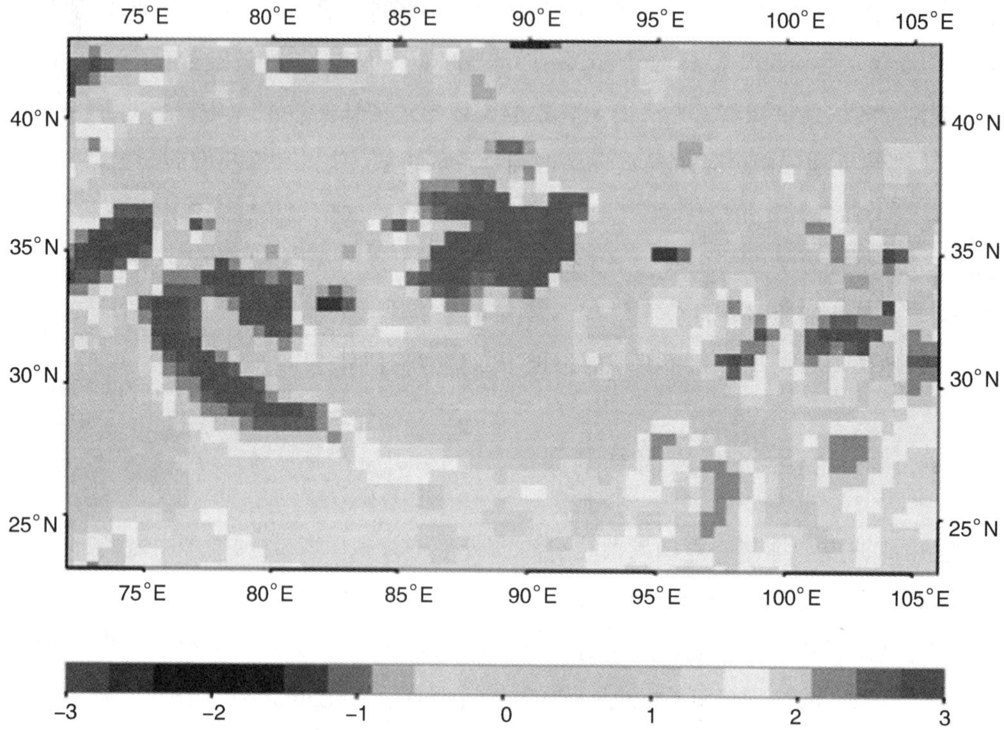

图 4.15 青藏高原尺度因子格网数据

4.5 本章小结

由于地理环境的限制，大量青藏高原湖泊缺乏实测资料，卫星技术的出现填补了青藏高原湖泊研究的数据空白。本章探讨了卫星测高、遥感以及卫星重力技术在青藏高原湖泊研究中的应用。主要研究内容和结论如下：

（1）利用卫星测高技术可获取一定精度的湖泊水位信息，联合多源测高数据可实现更多的湖泊覆盖以及更完整的湖水位时间序列，因此本章首先探讨了内陆湖泊的多源测高数据融合问题。经过时间基准和椭球基准统一后，利用平差方法消除各卫星的系统偏差，并以赤布张错为例验证了该方法的可行性。制定了测高数据自动化处理方案，实现青藏高原湖泊的测高数据批量提取和自动生成湖泊水位时间序列，提高了大范围湖泊水位信息提取的计算效率。

（2）研究了利用 NDWI 指数提取湖泊边界及计算湖泊面积变化趋势的方法。以昂孜错为例，比较了 NDWI 计算的湖泊面积与 TPED 数据库提供的湖泊面积，两者的结果基本一致。探讨了利用测高和遥感观测数据计算湖泊水储量变化的方法，以昂孜错为例说明了湖泊水位、面积和储量的线性关系。

（3）介绍了利用 GRACE 球谐系数计算等效水高的基本原理，并比较了常用空间滤波方法，结果表明：利用 Fan 滤波和去相关滤波的组合方法可大幅地削弱条带误差的影响。另外，探讨了利用尺度因子恢复滤波引起的信号衰减，并利用水文模型计算了青藏高原地区的 1°×1°格网尺度因子。

第 5 章
青藏高原湖泊变化观测结果与分析

5.1　青藏高原湖泊研究概况

青藏高原是世界上最高的高原，平均海拔超过 4 000 km，有“世界屋脊”之称。青藏高原北起昆仑山、阿尔金山和祁连山山脉，南至喜马拉雅山山脉，西部为帕米尔高原和喀喇昆仑山，东部毗邻秦岭山脉和黄土高原。青藏高原总体面积约 315 万平方千米，绝大部分位于中国境内，少部分分属中亚、南亚诸国，其中国内部分面积约 259 万平方千米，行政区划上主要包括西藏自治区、青海省和四川省等。按照地形及河流分布，可将青藏高原分成 9 个流域，分别是青藏高原内流区（羌塘高原）、雅鲁藏布江流域、柴达木盆地、黄河流域、长江流域、澜沧江流域、河西地区、怒江流域、塔里木盆地、印度河以及恒河流域上游，如图 5.1 所示。

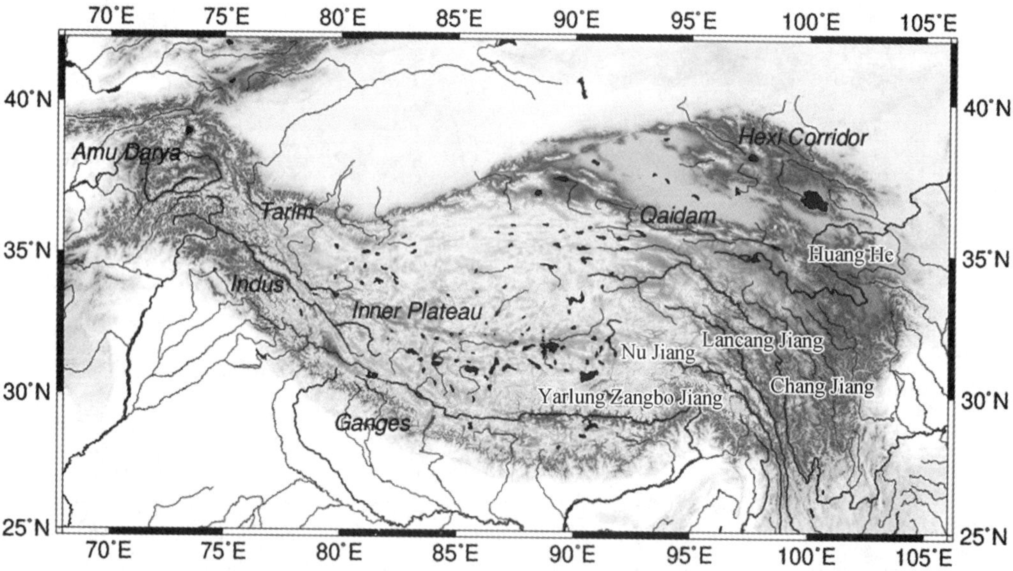

图 5.1　青藏高原地区湖泊、冰川分布

青藏高原水资源丰富，是亚洲各大水系的发源地，被誉为“亚洲水塔”。以青藏高原为源头的河流包括我国的长江、黄河、澜沧江、怒江、雅鲁藏布江，以及恒河、印度河等。青藏高原包含有冰川 36 800 条，覆盖面积接近 5 万平方千米，冰川总量约为 4 561 亿立方米，多年平均融水量约为 350 亿立方米，为周边地区上超过 10 亿的人口提供淡水资源[168]。湖泊也是青藏高原水资源的重要组成部分。其中，大于 1 km^2 的湖泊数量 1 048 个，总面积为 37 649 km^2，约占全国湖泊总面积的 51.4%；湖水储量 5 182 亿立方米，约占全国湖泊总储量的 73%。

青藏高原中的湖泊大多为封闭型，且受人类活动影响较小，湖泊变化对于气候变化非常敏感，是全球气候变化的热点研究区域。另外，研究青藏高原湖泊变化对于水资源的合理利用和生态环境可持续发展有重要意义，有助于提高高原湖区灾害监测与预警能力。由于青藏高原地区观测环境恶劣，难以大规模地使用常规的监测手段，卫星观测数据成为重要的研究资料。在本书的研究中，利用多源卫星测高技术监测湖泊水位变化，利用遥感影像观测湖泊面积变化，综合测高和遥感数据估计青藏高原湖泊水储量变化，利用 GRACE 数据计算青藏高原陆地水储量变化。

5.2　卫星测高观测青藏高原湖泊水位变化

5.2.1　多源卫星测高数据介绍

图 5.2 列举了本研究中用到的多源测高卫星，包括 ERS 系列、T/P 系列、GFO、ICESat 以及 Cryosat-2 的运行时间，图 5.3 为多源测高卫星的轨迹分布图。其中，ERS 和 Topex 系列卫星都能从 1992 年至 2016 年不间断地运行。ERS 系列卫星在青藏高原中部（北纬 35°）的地面轨迹间距约为 62 km，其轨迹经过的面积>1 km^2 的湖泊达到 116 个。Topex 系列卫星的轨迹稍显稀疏，在青藏高原中部的轨迹间距约为 254 km，能够覆盖的湖泊数量仅有 41 个。目前，这两颗卫星都被用于青藏高原湖泊水位变化研究，Hwang 等[45]和罗北[46]分别使用两种卫星观测了青藏高原近 20 年来的湖泊水位变化，并发现湖泊水位变化明显的区域分布特征。

图 5.2　多源测高卫星运行时间

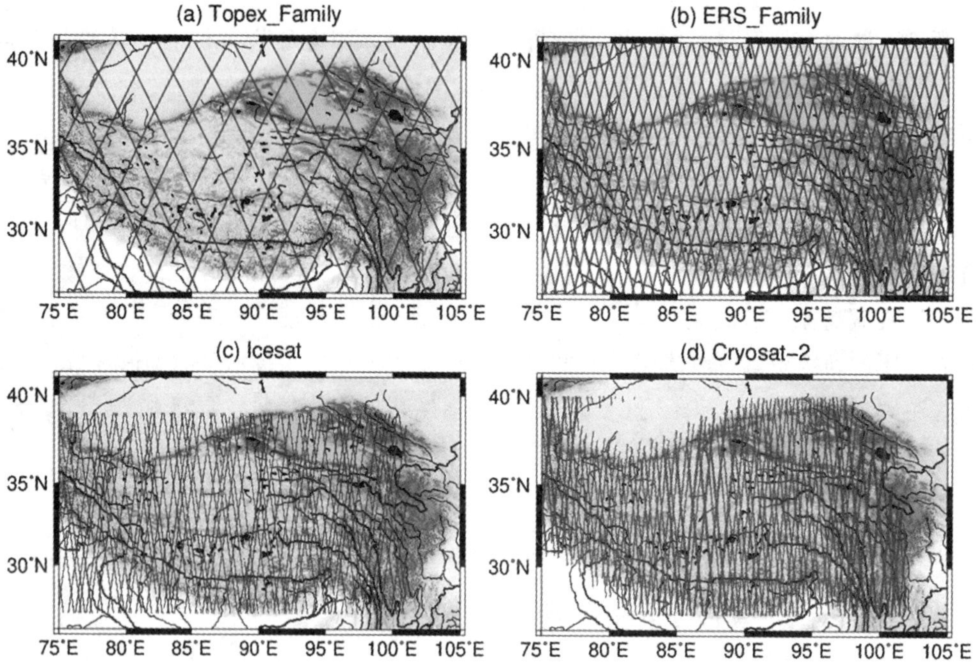

图 5.3 多源测高卫星在青藏高原地区轨迹分布

ICESat 和 Cryosat-2 的运行时间分别为 2003—2009 年、2010—2017 年，由于这两颗卫星的轨迹分布较为密集，可以覆盖更多的湖泊；在青藏高原地区，ICESat 卫星轨迹经过的面积>1 km^2 的湖泊 212 个，而 Cryosat-2 卫星轨迹覆盖的湖泊甚至超过 500 个。目前，大量的学者联合这两颗卫星观测 2003—2017 年的青藏高原地区湖泊水位变化。Zhang 等利用 ICESat 卫星数据提供精确的西藏高原湖泊水位变化，发现 56 个咸水湖平均水位上升率为 23.0 cm/a，研究表明湖泊水位的上升，特别是高比例的盐湖，最可能是由于全球变暖加速了冰川融化引起的[44]。Kleinherenbrink 等首次将 CryoSat-2 卫星 SARIn 数据应用于山区湖泊和水平衡分析，研究发现天山地区湖泊水年亏损（1.51 ± 0.11）km^3/a，在西藏的年增长率为（1.51 ± 0.11）km^3/a[169]。Song 等联合 ICESat 与 Cryosat-2 雷达测高数据观测 P1（2003—2009 年）、P2（2010—2015 年）青藏高原湖泊水位，并估算水位变化率及量化卫星测高观测水位的不确定性，观测结果显示 P2 时期[（0.19 ± 0.03）m/a]稍低于 P1 中观察到的[（0.21 ± 0.02）m/a][6]。

此外，还有大量研究利用测高卫星数据观测青藏高原单个湖泊水位变化，并进行水量平衡分析[44，170-173]。

由于青藏高原大部分地区环境恶劣，交通条件差，青藏高原多数湖泊没有常规水位观测数据。卫星测高数据具有全球覆盖、长期观测、容易获取等优点，可以作为水文站数据的有效补充。综上所述，不同测高卫星计划的运行时间和轨迹分布均不相同，利用单一测高数据能覆盖的湖泊数量和观测时间均有限。联合多源测高卫星可以大幅提高覆盖的湖泊数量和延长观测时间，为青藏高原湖泊的长期观测提供可能。本书首次尝试融合多源测高卫星进行青藏高原湖泊水位监测，研究中用到的多源测高数据起止时间、周期间隔、轨迹间距等信息列于表 5.1，有效覆盖青藏高原湖泊的测高轨迹统计见表 5.2。

表 5.1　本研究中运用到的测高数据

轨迹类型	名称	卫星	时间	周期	周期间隔	轨迹数量	轨迹间距/km
1	T/P	T/P	1992-09—2002-08	001 ~ 353	9.9	254	232
		J1	2002-01—2009-02	001 ~ 259			
		J2	2008-07—2016-10	001 ~ 305			
		J3	2016-02—	001 ~			
2	T/P_new	T/P	2002-08—2004-03	354 ~ 414	9.9	254	232
		J1	2009-02—2010-08	260 ~ 537			
		J2	2016-10—	306 ~			
3	En	E2	1995-05—2003-03	001 ~ 085	35	1 002	62
		En	2002-03—2010-10	007 ~ 092			
		SA	2013-03—	001 ~			
4	En_new	En	2010-10—2012-06	093 ~ 113	30.1	862	73
5	GFO	GFO	1998-02—2008-12	037 ~ 223	17	488	122
6	ICESat	Ice	2003-09—2009-10	—	—	—	—
7	Cryosat-2	C2	2010—	001 ~	368	10 709	6

注：T/P_new 以及 En_new 为卫星变轨后的轨迹，同下表。

表 5.2 途经青藏高原湖泊的测高卫星轨迹统计

编号	名称	轨迹编号
1	T/P	3、14、29、38、53、64、79、90、105、129、131、140、155、166、181、192、205、207、216、231、242
2	T/P_new	3、14、27、29、38、53、64、79、90、105、114、129、140、155、166、181、205、207、216、231、242
3	En	8、10、21、51、66、79、96、107、124、152、165、180、193、210、223、238、251、266、279、294、296、309、324、337、352、365、380、382、393、395、410、423、438、451、466、468、479、496、509、524、537、552、554、565、582、595、610、623、638、640、651、668、681、696、709、724、737、754、767、782、795、810、823、838、840、851、853、868、881、896、909、924、926、937、939、954、967、982、995
4	En_new	8、10、21、23、38、51、66、79、94、96、109、124、137、152、165、182、195、210、223、238、240、251、268、281、296、309、324、326、337、339、354、367、382、395、410、412、425、440、453、468、470、481、498、511、526、539、554、556、567、569、584、597、612、625、640、642、653、655、670、683、698、711、728、741、756、769、784、786、797、814、827、842、855
5	GFO	10、21、38、49、51、66、68、79、96、107、124、137、152、154、165、182、193、210、223、238、240、251、268、279、296、309、326、337、354、365、382、384、395、412、423、440、451、468、470、481

注：ICESat、Cryosat-2 卫星轨迹过多，不逐一列举。

5.2.2 湖泊水位变化趋势分析

图 5.4 至图 5.7 为利用上述 4 类测高数据计算的湖水位变化趋势分布图。其中，图 5.4 为 T/P 系列测高数据计算的湖水位变化趋势，卫星有效运行时间为 1992 年 9 月至 2017 年 5 月，有效覆盖 34 个湖泊。其中水位下降的湖泊仅有 4 个，且都位于青藏高原南部地区，包括拉昂错（－18.49 cm/a）、东恰错（－6.92 cm/a）、淡水湖（－0.42 cm/a）和刊穷哈勒错（－2.6 cm/a），其余大部分湖泊（30 个）为水位增长趋势。Hwang 等同样利用 T/P 系列卫星测高计观测青藏高原的 23 个湖泊 20 年（1993 年 1 月至 2014 年 12 月）的水位变化，结果显示大部分湖泊水位上升，西部为下降趋势，与本书的结果较为一致[45]。

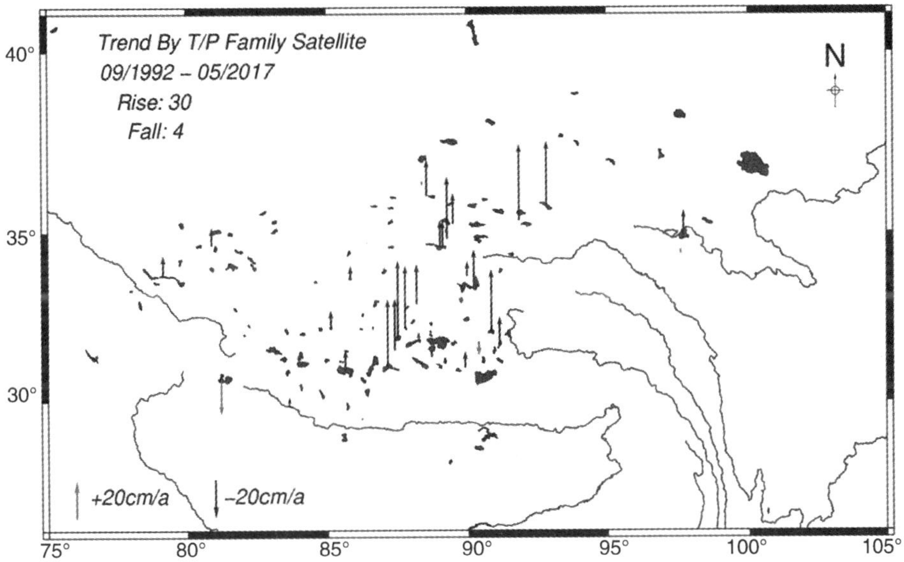

图 5.4　Topex 系列卫星观测 1992—2017 年青藏高原湖泊水位变化趋势

图 5.5 展示的是 ERS 系列卫星数据的计算结果，ERS 卫星的数据包括 ERS-1、ERS-2、Envisat、Saral，ERS 系列的有效运行时间从 1991 年到 2016 年（Saral 卫星 2016 年 8 月变轨）。该卫星有效覆盖的湖泊达到 70 个，其中青藏高原大部分地区的湖泊呈上升趋势（55 个），分布于青藏高原南部和西部的少数湖泊（15 个）为下降趋势。综合 T/P 和 ERS 系列卫星数据的计算结果可以看出，1992—2016 年的水位上涨最快的湖泊为色林错（61.0 cm/a），水位下降最快的湖泊为拉昂错（T/P 数据的计算结果为 – 18.49 cm/a、ERS 数据的结果为 – 21.8 cm/a）。ERS 和 TP 的运行时间重合度较高，只有少数湖泊同时有两颗卫星经过，结合两种卫星数据可以获取更多湖泊数据。

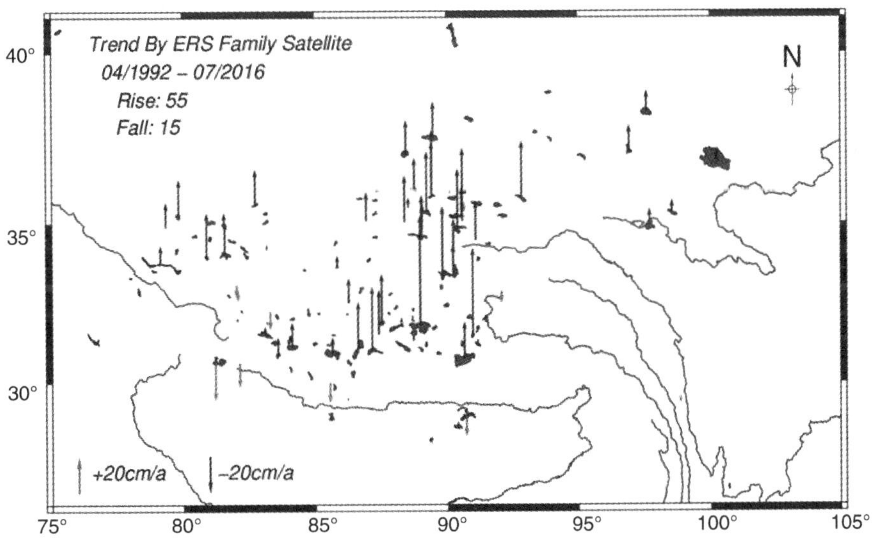

图 5.5　ERS 系列卫星观测 1992—2016 年青藏高原湖泊水位变化趋势

图 5.6 为 2003—2009 年的 ICESat 测高数据结果，观测的湖泊数量增加到 147 个；从图中可以看出该时间段为青藏高原湖泊快速增加的时期，绝大多数（126 个，85.7%）湖泊为增长趋势，仅青藏高原南部、中部及黄河上游部分湖泊为下降趋势（21 个，14.3%）。Zhang 等利用 ICESat 观测同时间段青藏高原中 74 个湖泊，结果显示其中 62 个（即 84%）湖泊为上涨趋势[44]。Song 等的结果表明青藏高原中大部分湖泊的水位呈现明显的上涨趋势（20 ~ 60 cm/a），特别以冰川融水为水源的湖泊[26]。经统计得到利用 ICESat 可观测到的所有湖泊 2003—2009 年的平均增长率为 19.5 cm/a，而 Zhang、Phan、Song 等人计算的湖泊平均上涨速率分别为 21.0 cm/a、26.0 cm/a 和 23.0 cm/a[24, 44, 47]。小的差异可能是由于湖泊数量不同以及所采用的去躁过滤方法造成的。例如，Phan 等使用了 250 m MODIS 水面产品提取湖上测高轨迹[47]，而 Zhang 等使用了 500 m 的 MODIS 积雪产品[44]。

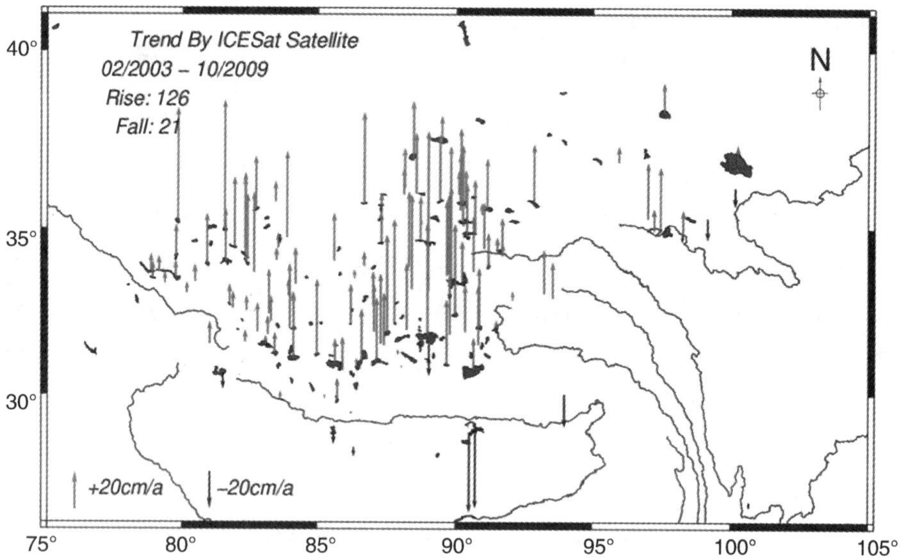

图 5.6 ICESat 卫星观测 2003—2009 年青藏高原湖泊水位变化趋势

综合 4 种测高卫星数据可发现，多数湖泊在 2003—2009 年的水位上涨趋势高于 1992—2017 年的平均趋势，相反在雅鲁藏布江流域 2003—2009 年的水位回落速度明显快于 1992—2017 年的平均速度。例如：2003—2009 年羊卓雍错的水位降低速率为 – 43.01 cm/a，1992—2017 年的降低速率仅为 – 12.42 cm/a；玛旁雍错的平均水位变化为微弱上涨态势，而 2003—2009 年的水位为下降（ – 8.58 cm/a）。尽管如此，在 ICESat 观测到的面积超过 400 km^2 的前 15 个湖泊中，只有羊卓雍错、格仁错及玛旁雍错的水位为负增长。

在 4 种卫星数据中，Cryosat-2 卫星的轨道最密集（间隔仅为 6.2 km），因此 Cryosat-2 卫星能观测到的湖泊也最多（517 个）。图 5.7 为 Cryosat-2 卫星观测获得的 2010—2017 年的湖泊水位趋势分布。该时间段青藏高原北部大多保持水位上升趋势，南部和东部的黄河上游和柴达木盆地多为下降趋势，中部区域有部分湖泊水位增加、部分湖泊水位为降低。图中水位变化最大的湖泊为卓乃湖和库赛湖，湖泊水位涨跌分别达到了 8 ~ 11 m，可能原因是 2011 年期间降水异常增加，导致卓乃湖发生溃堤，湖水流入库赛湖及下游的海丁诺尔和盐湖。据统计显示，2010—2017 年青藏高原中面积超过 400 km^2 的湖泊中有 8 个出现水位下降的趋势，其中色林错的水位上涨较 2003—2009 年有所减缓[（27.0 ± 5）cm/a]，纳木错为缓慢下降趋势[（－5.0 ± 6）cm/a]。该时段青藏高原湖泊水位变化更加复杂，其中有 287 个为水位上升趋势[（18.0 ± 16）cm/a]，231 个湖泊为下降趋势[（－11.0 ± 13）cm/a）。

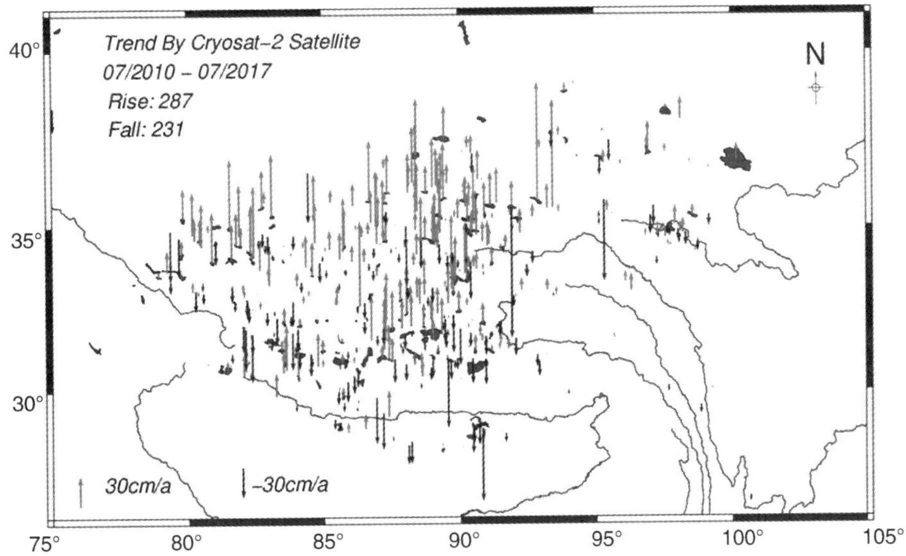

图 5.7　Cryosat-2 卫星观测 2010—2017 年青藏高原湖泊水位变化趋势

根据区域地形、河流汇流关系等地理特征，青藏高原可以划为 11 个子流域[29]。本研究按照方位将青藏高原分为北部、西部、南部、中部四个部分，其中北部包括河西走廊阿拉善地区、黄河流域上游、长江流域上游和柴达木盆地，西部为印度河流域，南部为恒河流域及雅鲁藏布江流域，中部为青藏高原内流区和塔里木盆地。

为了比较各流域的湖泊水位变化，本书通过多源测高数据数据处理，计算出两个时间段的青藏高原湖泊水位变化趋势（见图 5.8）。其中，图 5.8（a）为 1992—2016 年湖泊水位变化趋势分布，融合了 T/P 系列卫星和 ERS 系列卫星数据。图中包含了 93 个湖泊，其中水位为上升趋势（>+2 cm/a，即 25 年水位增加 50 cm 以上）的湖泊有 58 个，下降趋势（<－2 cm/a）的湖泊为 9 个，稳定状态（－2 ~ 2 cm/a）的湖泊为 26 个。图 5.8（b）为 2003—2017 年湖泊水位变化趋势分布，包含 4 种轨迹类型的卫星数据。该时间段观测到的湖泊有 181 个，其中 114 个湖泊为上升趋势（平均+19.3 cm/a），41 个为稳定状态（－0.4 cm/a），26 个为湖泊下降趋势（－10.78 cm/a）。

图 5.8 1992—2016 年和 2003—2017 年青藏高原湖水位变化趋势分布

对青藏高原内湖泊按加权平均的方法计算各流域湖泊的平均水位变化，权重为湖泊的面积大小，表 5.3 统计了 3 个时段的各流域的湖泊水位变化趋势。由于恒河、塔里木盆地和怒江、澜沧江等流域在部分时段缺少观测数据，因此表 5.3 只统计了其余 7 个流域及青藏高原湖泊的整体变化情况。从表中可看出，1992—2002 年期间，仅有长江上游、印度河流域和雅鲁藏布江的湖泊呈下降趋势，其余流域均为上涨； 内流区的湖泊水位快速增长（14.89 cm/a），由于该区域的湖泊数量最多，面积占比最大，青藏高原整体的湖泊水位也随之快速上涨（14.3 cm/a）。2003—2009 年期间，青藏高原湖泊水位的上涨速率持续加快，达到 19.33 cm/a，具体表现为内流区、河西地区、长江流域、黄河流域较上一时期上涨速度加快，柴达木盆地水位增速基本持平，雅鲁藏布江流域湖泊的水位下降速度加快。2010—2017 年期间，雅鲁藏布江流域、印度河流域、柴达木盆地湖泊水位为持续下降态势，雅鲁藏布江流域的水位下降趋势减缓；其余区域的水位增速也降低，尤其是内流区湖泊水位由快速上涨（27.26 cm/a）转成微弱上涨（10.5 cm/a）；因而这段时期，青藏高原湖泊的总体上涨态势仅为 9.7 cm/a。

表 5.3　青藏高原各流域湖泊水位平均变化趋势统计　　单位：cm/a

卫星/时间		TP、ERS1-2 1992—2002	ICESat 2003—2009	Cryosat-2 2010—2017	T/P、ERS 系列 1992—2017
区域	雅鲁藏布江流域	−2.8 （5）	−21.39 （5）	−4.8 （33）	−5.62 （5）
	河西地区	8.9 （1）	16.32 （1）	12.34 （1）	11.86 （1）
	印度河流域	−7.2 （4）	−6.81 （6）	−8.4 （7）	−7.26 （4）
	内流区	14.89 （59）	27.26 （67）	10.5 （367）	24.02 （59）
	柴达木盆地	12.3 （4）	5.40 （4）	−2.6 （26）	7.46 （4）
	长江流域上游	−6.62 （3）	18.41 （3）	0.6 （32）	2.31 （3）
	黄河流域上游	0.84 （2）	11 （4）	0.8 （31）	6.70 （2）
	青藏高原	14.30 （78）	19.33 （91）	9.7 （517）	17.20 （78）

图 5.9 为利用 T/P 系列卫星观测的青藏高原湖泊水位变化，上图显示扎日南木错水位变化时间序列，在 1997 年湖水位由下降转成上涨趋势。根据统计发现，T/P 系列卫星观测的 34 个湖泊中有 24 个（70.6%）在 1997—1998 年出现水位由降转升的变化。下图为鄂陵湖的湖水位时间序列，可以清楚发现湖水位由增长转而下降的时间点出现在 2012 年。其中，T/P 系列卫星观测湖泊中共有 19 个湖泊（55.9%）在 2012 年出现了明显的由水位上涨转而下降，这也解释了 Cryosat-2 观测到大量湖泊出现水位下降的趋势。

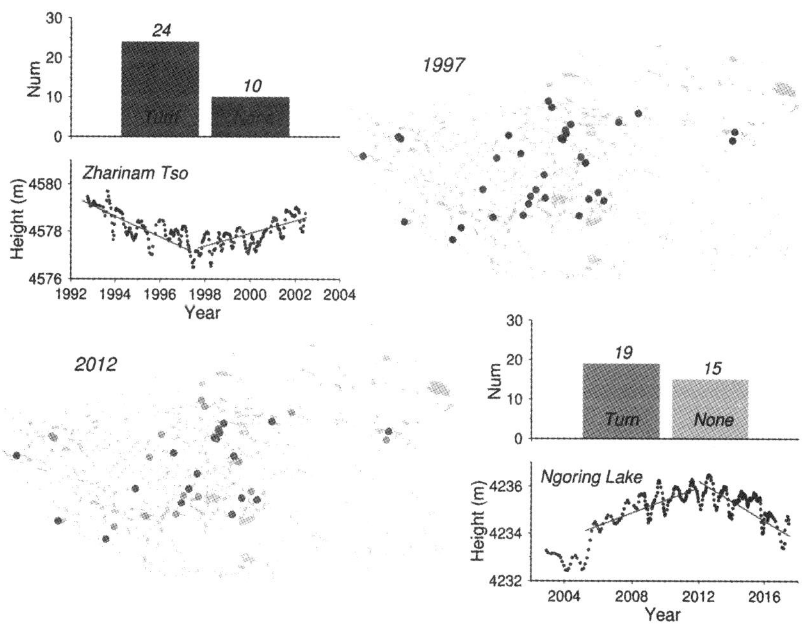

图 5.9　利用 T/P 系列卫星观测的青藏高原湖泊水位变化趋势

另外，GRLM 数据库中的结果显示，呼伦湖和博斯腾湖在 2012 年水位从下降变化为上涨。Zhang 等研究发现 1970—2013 年在青藏高原中出现了大量的湖泊扩张，同时临近的内蒙古高原中 75%的湖泊萎缩，两个区域的湖泊面积变化都与 1997/1998 年期间发生的气候状况变化有关[52]。这两个相邻的高原在气候变化的响应方面已经发生了相反的变化，揭示了区域气候和水循环的复杂作用。

5.3 遥感技术观测青藏高原湖泊面积变化

5.3.1 青藏高原湖泊面积提取

利用遥感影像提取青藏高原所有湖泊边界，分析长时间的湖泊面积变化，需要耗费大量的时间成本在遥感影像处理阶段。本研究中参考了青藏高原科学数据中心（http://www.tpedatabase.cn）提供的青藏高原湖泊面积长时间序列数据集以及青藏高原湖泊空间分布数据。这两个数据集以 Landsat 卫星 10 月份数据为主，每隔 2 ~ 3 年取一个数据。使用 NDWI 水体指数提取湖泊边界，每个湖泊经过人工目视检查与编辑。数据有效地去除了云层、山体阴影、积雪等非水体地物的影响，湖泊边界准确、清晰，误差控制在 30 m 内。

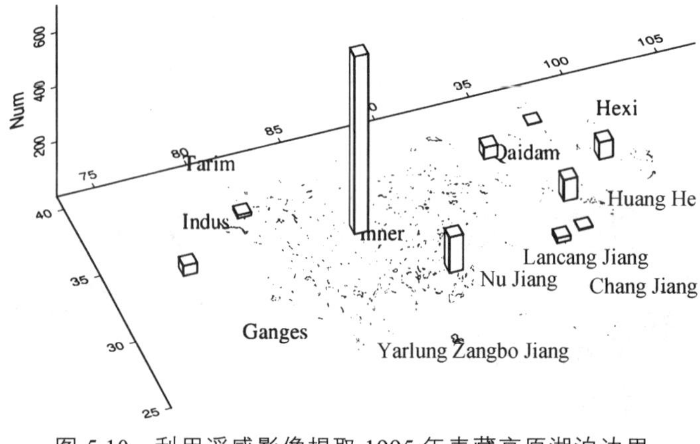

图 5.10 利用遥感影像提取 1995 年青藏高原湖泊边界

青藏高原科学数据中心提供的数据为整个青藏高原区域内的水体边界，由于数据处理的标准不统一，其中有的年份仅选取 300 多个面积大于 10 km^2 的水体，有的年份中包含数万个水体，而且每个水体在不同时期的编号并不一致。因此，本研究对下载的遥感数据进行处理，利用 ArcGIS 过滤面积小于 1 km^2 的湖泊，以面积大小为序对湖泊进行重新编号，并输出每个湖泊的边界文件。利用湖泊边界文件计算湖泊的中心，按照湖泊中心点之间的间距将不同时期的湖泊一一对应，据此得到每个编号不同时期的湖泊。由于青藏高原湖泊变化巨大，出现大量新的湖泊，同时也有不少的湖泊消失。另外，由于湖泊水位的涨落，部分相邻的湖泊合并成一个大的湖泊，有的湖泊分离成几个小的水域，诸如此类的因素对于青藏高原湖泊变化的细致研究提出了更高的要求。因此，对处理过的每个湖泊经过人工目视检查，查找出特殊变化的湖泊并进行相应改正。

本研究利用青藏高原科学数据中心提供的遥感数据，提取每个湖泊在不同时期的边界数据，统计湖泊中心点位置、湖泊面积、海拔等特征，以完成对青藏高原个别及整体湖泊的面积变化分析。图 5.10 为利用遥感数据提取的 1995 年青藏高原湖泊分布情况。由图可看出，青藏高原内流区中包含了数量最多（650 个）、面积最大（25 013.2 km^2）的湖泊群，其余依次为黄河流域、雅鲁藏布江流域、柴达木盆地、印度河流域、长江流域等。表 5.4 统计了 1992—2015 年 12 个时间段中面积大于 10 km^2 的湖泊。1992—2015 年湖泊面积超过 10 km^2 的湖泊数量和总面积分别从 315 个和 35 236.6 km^2 减少到 1997 年的 320 个和 34 212.2 km^2，再增加到 2010 年的 414 个和 44 958.3 km^2，到 2015 年的 419 个和 44 958.1 km^2。1997 年的湖泊面积最小，2012 及 2015 年的湖泊面积达到最大。这段期间，大于 10 km^2 的湖泊数量增加了 33%，湖泊总面积扩张了 31.3%。

表 5.4　1992—2015 年青藏高原湖泊面积变化

时间	>10 km^2 湖泊面积/km^2	>10 km^2 湖泊数量	>1 000 km^2 湖泊数量	100 ~ 1 000 km^2 湖泊数量	10 ~ 100 km^2 湖泊数量
1992	35 593.6	353	3	69	281
1995	35 236.6	345	3	69	243
1997	34 212.2	320	3	66	251
1999	37 175.0	330	3	72	255
2000	39 024.9	394	3	75	316
2002	39 127.0	392	3	75	314
2005	40 256.8	393	3	79	311
2007	41 843.3	397	3	85	309
2009	42 402.9	400	5	82	313
2010	42 958.3	414	4	86	324
2012	44 958.1	419	6	88	325
2015	44 557.7	408	5	84	329

5.3.2 湖泊面积变化趋势分析

本研究逐个分析青藏高原中面积大于 10 km^2 的湖泊的变化情况，图 5.11 绘制了青藏高原湖泊面积变化趋势分布。图中，面积年平均变化在 – 0.1 ~ 0.1 km^2 的湖泊被定义为稳定型，大于 0.1 km^2 的湖泊为扩张型，小于 – 0.1 km^2 的为萎缩型。扩张速度最快的湖泊分别为内流区南部的色林错（+37.02 km^2/a）、阿奇克库勒湖（8.95 km^2/a）、昂孜错（4.32 km^2/a）、达则错（3.42 km^2/a）和玉液湖（3.67 km^2/a）等。色林错及达则错等临近湖泊，主要依靠季节、多年积雪[174]和唐古拉山冰川提供降水径流与融水。由于色林错的扩张速度远快于其他湖泊，在 2000 年取代了纳木错，成为西藏最大的湖泊。在西藏南部和冈底斯山脉，大部分湖泊呈现正常波动或略有萎缩的趋势。湖泊萎缩最快的湖泊是南部的多庆错（ – 2.19 km^2/a）、错那（ – 0.88 km^2/a）、拉昂错（ – 0.54 km^2/a），明显低于扩张的速度。

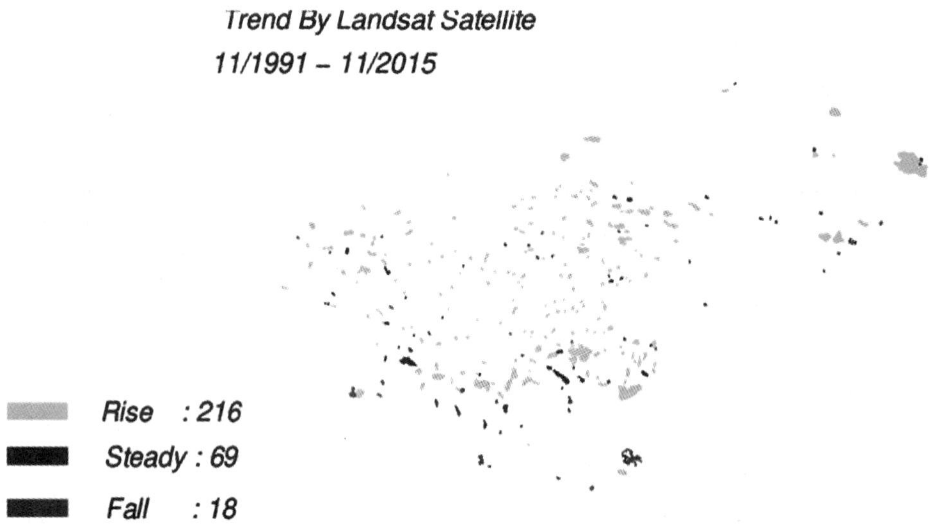

图 5.11 遥感影像计算 1992—2015 年青藏高原湖泊面积变化趋势

图 5.11 中显示：青藏高原中大多数湖泊为扩张型（216 个），主要分布在内流区、黄河流域和柴达木盆地；69 个湖泊为稳定型，分布在内流区南部和西部；萎缩型仅有 18 个，主要集中在雅鲁藏布江流域、印度河流域。表 5.5 统计了各流域湖泊面积变化情况，绝大部分流域湖泊呈稳定扩张态势，尤其是内流域湖泊的快速扩张（444.6 km^2/a），占到青藏高原面积年均变化（452.45 km^2/a）的 98%，其余河西（0.94 km^2/a）、柴达木盆地（1.58 km^2/a）、长江流域（4.66 km^2/a）、黄河流域（4.85 km^2/a）等表现为稳定扩张。雅鲁藏布江流域中有 7 个湖泊呈萎缩态势（ – 3.81 km^2/a）和印度河流域（ – 0.38 km^2/a）表现为萎缩趋势。

表 5.5　1992—2015 年青藏高原湖泊变化统计

流域	萎缩湖泊	稳定湖泊	扩张湖泊	面积变化趋势/（km^2/a）
雅鲁藏布江流域	7	5	2	−3.81
河西地区	0	0	1	0.94
印度河流域	2	1	2	−0.38
内流区	5	45	194	444.6
柴达木盆地	0	9	4	1.58
长江流域上游	0	3	6	4.66
黄河流域上游	3	5	3	4.85
青藏高原	18	69	216	452.45

5.4　青藏高原湖泊水储量变化分析

利用多源测高数据获取的湖泊水位数据和遥感影像获取的湖泊面积，按照公式计算出青藏高原整个区域的水储量变化。由于该公式需要同时已知湖泊的水位和面积信息，因此能计算水储量的湖泊比测高覆盖的湖泊数量略少。图 5.12 分别为 1992—2015 年和 2003—2015 年两个时间段的湖泊水储量变化；湖泊水储量变化与湖泊水位变化基本一致（图 5.12），表 5.6 列举了这两个时间段部分湖泊的水储量变化趋势。

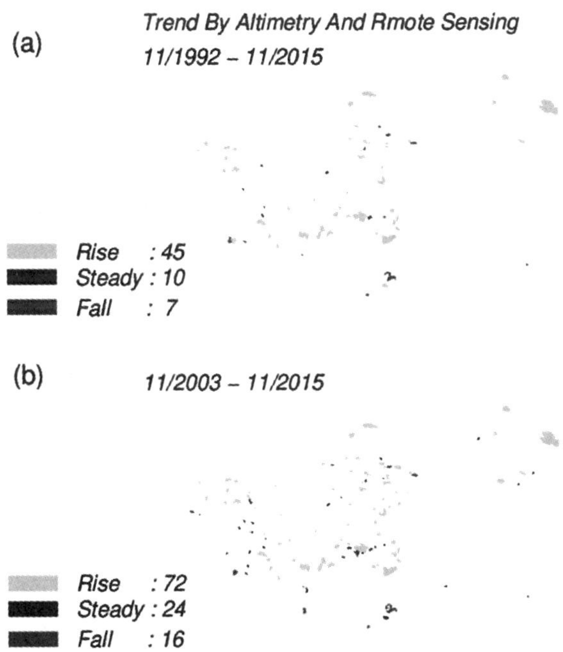

图 5.12　1992—2015 年和 2003—2015 年青藏高原湖泊水储量变化

1992—2015 年期间，利用测高与遥感数据计算出 62 个湖泊的水储量变化。其中：46 个湖泊（68.7%）呈现水储量增加趋势，水储量增加最快的湖泊依次为色林错（1.22 Gt/a）、纳木错（0.41 Gt/a）、青海湖（0.27 Gt/a）和当惹雍错（0.22 Gt/a）；7 个湖泊呈现水储量持续下降趋势，大多位于青藏高原南部的印度河流域、雅鲁藏布江流域和东部的长江流域上游，下降最快的湖泊为羊卓雍错（－0.064 Gt/a）。2003—2015 年期间，计算出 112 个湖泊的水储量变化。其中：72 个湖泊（64.3%）呈现水储量增加趋势，水储量增加最快的湖泊依次为色林错（1.05 Gt/a）、青海湖（0.43 Gt/a）、纳木错（0.26 Gt/a）和当惹雍错（0.16 Gt/a）；16 个湖泊（14.3%）呈现水储量持续下降趋势，大多位于青藏高原南部和长江流域上游，下降最快的湖泊为羊卓雍错（－0.11 Gt/a）。

综上可知，1992—2015 年青藏高原中绝大多数湖泊水储量呈上升趋势。湖泊水储量变化呈现明显的区域特征，北部多为增加趋势，南部多为下降趋势。在 2012 年后，由于许多湖泊出现湖水位趋缓甚至下降现象，因而计算出的 2003—2015 年水储量下降的湖泊比例略微增加，水储量下降的湖泊向北延伸到内流区的南部（如错鄂），湖泊水储量下降的速率也加快了。

表 5.6 统计了整个青藏高原湖泊的湖泊水储量变化。综合不同任务的测高卫星数据，分别计算了 1992—2015 年和 2003—2015 年青藏高原湖泊的平均水位变化，两个时间段的湖水位上涨速度分别为 12.6 cm/a 和 12.2 cm/a。利用遥感影像数据计算出 1992—2015 年湖泊面积扩张速度为 452.46 km^2/a。据此计算，1992—2015 年青藏高原中 62 个湖泊的年水储量变化为 3.44 Gt/a，2003—2015 年 114 个湖泊的年水储量变化为 4.47 Gt/a。上述数据是由每个同时具备遥感和测高数据的湖泊累加得到的，两个时段能计算出水储量变化的湖泊面积分别占总面积的 47.4%和 62.1%，因而该方法的计算结果与实际水储量变化有较大出入。

表 5.6 青藏高原湖泊水储量变化统计

项目	数量/面积（百分比）	速率	时间	卫星
水位	104/2.33×10^4 km^2（58.4%）	12.6 cm/a	1992—2015	T/P、ERS
	156/2.89×10^4 m^2（72.4%）	12.2 cm/a	2003—2015	T/P、ERS、ICEsat、Cryosat-2
面积	353/3.56×10^4 km^2（89.2%）	452.46 km^2/a	1992—2015	Landsat4-8
储量	62/1.89×10^4 km^2（47.4%）	3.44 Gt/a	1992—2015	—
	114/2.48×10^4 km^2（62.1%）	4.47 Gt/a	2003—2015	—

由于湖泊的水位变化趋势呈现明显的区域特征，利用流域内所有湖泊水位变化计算加权平均值，结合湖泊面积估计出该流域的平均水储量变化。表 5.7 列举了 1992—2015 年和 2003—2015 年青藏高原各流域的水储量变化。1992—2015 年期间，雅鲁藏布江流

域和长江流域上游的年均水储量变化分别为 – 0.09 Gt/a 和 – 0.014 Gt/a，其余流域的湖泊均为水量增加趋势。2003—2015 年的湖泊水储量变化较 1992—2015 年有所差异，其中南部的雅鲁藏布江流域的湖水量流失加剧，达到 – 0.23 Gt/a；东部的河西走廊和黄河流域的湖泊水储量增加稍微加速，其余流域的湖泊水储量增加速率均有不同程度的下滑。两个时间段中，青藏高原总体水储量变化分别为 5.87 Gt/a 和 5.56 Gt/a，内流区的湖泊水储量增加量占总体增加量的极大比重，分别达到 91.8%和 88.5%。

表 5.7 利用平均水位变化估计各流域湖泊水储量变化 单位：Gt/a

流 域	1992—2015 年	2003—2015 年
雅鲁藏布江流域	− 0.090	− 0.230
河西地区	0.070	0.180
印度河流域	0.060	− 0.050
内流区	5.390	4.920
柴达木盆地	0.060	0.070
长江流域上游	− 0.014	0.100
黄河流域上游	0.380	0.570
青藏高原	5.870	5.560

5.5 利用 GRACE 观测青藏高原区域水储量变化

5.5.1 陆地水储量变化

利用 GRACE 时变重力场模型提取 2003—2017 年青藏高原等效水高变化趋势。从图中可以看出，恢复后的等效水高变化幅度有所增加，增加最快的区域也由内流区与柴达木盆地交界处转移到内流区的东北部。青藏高原总体水储量变化呈现明显的区域分布特征，从西南到东北方向，表现为水储量减少过渡为水储量急剧增加。其中，青藏高原的西部和南部等效水高为下降趋势，包括印度河流域、恒河流域、雅鲁藏布江流域和怒江流域、澜沧江流域；内流区南部、长江流域为过渡区域，水储量变化幅度不大；青藏高原东部和北部为上升趋势，包括内流区大部分区域柴达木盆地、河西地区、长江、黄河上游、塔里木盆地等。水储量增加最快的区域为内流区的东北部与柴达木盆地交界处，减少最快的区域为印度河和恒河流域。印度北部地区和雅鲁藏布江流域等效水高急剧降低，普遍的共识为大量开采地下水开采和喜马拉雅山冰川消融所引起的。CSR 发布的 Mascon 解算的青藏高原等效水高，与用尺度因子恢复的等效水高较为接近。

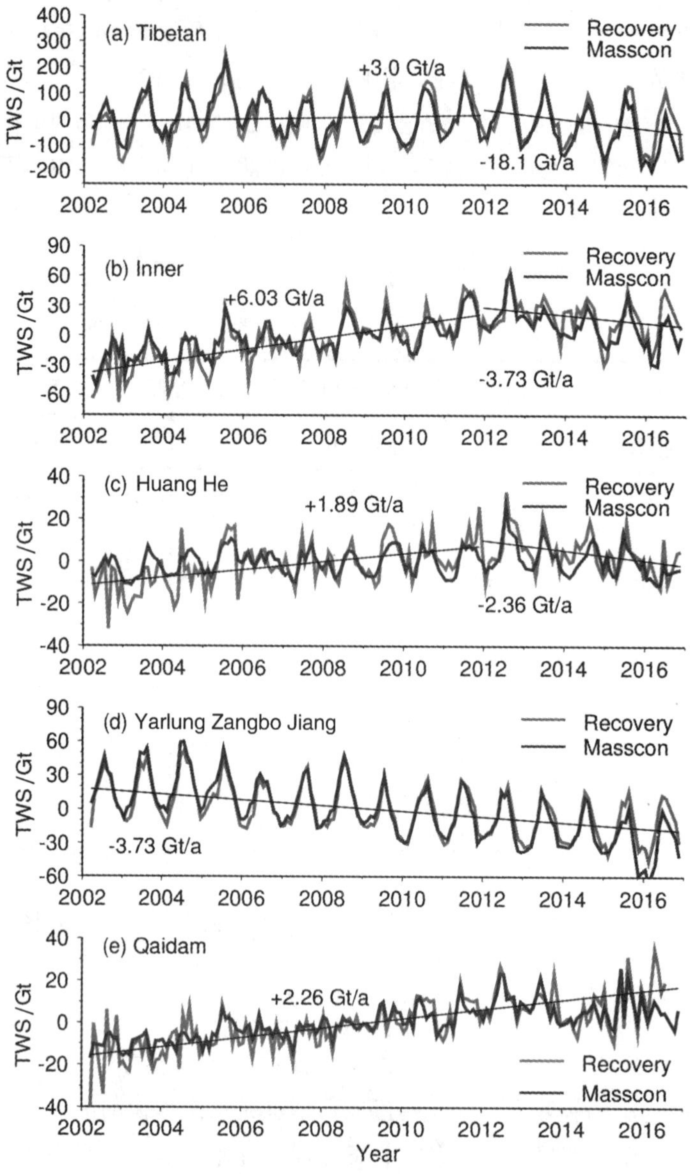

图 5.13 2002—2016 年青藏高原各流域水储量变化

选取青藏高原高原典型流域计算其水储量变化趋势（见图 5.13）。本次计算选取的青藏高原边界为 315 万平方千米的整个青藏高原地区，由于印度河流域、恒河流域、雅鲁藏布江流域的水储量急剧降低，整体 2002—2011 年青藏高原水储量增加远小于内流区的增加量，而且 2012—2016 年青藏高原水储量减少趋势大于内流区的减少趋势。从图 5.14 中可以看出，青藏高地区水储量变化呈现明显的区域特征，南部的雅鲁藏布江流域为持续下降趋势（－3.73 Gt/a），且季节性波动较大；最西北部的柴达木盆地为持续上升趋势（+2.26 Gt/a），季节性波动较小；而中间的许多区域在 2012 年出现明显的水储量变化趋势逆转的现象，中间过渡区中如内流区、黄河流域上游从上升转而下降。蓝色线为 Mascon 解算陆地水储量时间序列，在青藏高原和内流区的 Mascon 解与恢复后的信号基本一致；由于所选取的水文模型的影响，恢复的信号与 Mascon 解在某些区域有所差异。

表 5.8 统计了利用 GRACE 计算的青藏高原各流域的年均水储量变化，恒河流域的等效水高减少速度最快[（－1.5 ± 0.21）cm/a]，由于雅鲁藏布江流域的面积较大，计算得到该区域的水储量减少量最大[（－3.71 ± 0.4）Gt/a]。比较表 5.7 和表 5.8 可看出，2003—2015 年内流区水储量变化约为 4.16 Gt/a，湖泊水储量变化却高达 4.92 Gt/a，说明该区域的其他水储量（如冰雪、冻土、地下水等）在持续减少。雅鲁藏布江流域的总体水储量减少为－3.71 Gt/a，其中湖泊的水储量减少的贡献占比非常小（仅为 11.4%），Yi 等指出该地区质量下降的主要贡献为冰川融水的流失[175]。

表 5.8　利用 GRACE 计算的青藏高原各流域水储量变化

区　域	面　积/（$\times 10^4\ km^2$）	ΔEWH/（cm/a）		ΔTWS/（Gt/a）	
		2002—2011 年	2012—2016 年	2002—2011 年	2012—2016 年
河西地区	6.4	0.28 ± 0.09		0.18 ± 0.06	
柴达木盆地	25.8	0.87 ± 0.13		2.26 ± 0.33	
内流区	71.0	0.85 ± 0.13	－0.52 ± 0.41	6.03 ± 0.89	－3.73 ± 2.91
黄河流域上游	26.3	0.72 ± 0.21	－0.90 ± 0.60	1.89 ± 0.54	－2.36 ± 1.59
长江流域上游	49.9	0.32 ± 0.14	－0.43 ± 0.48	1.60 ± 0.70	－2.17 ± 2.39
怒江流域	11.4	－0.63 ± 0.11		－0.72 ± 0.12	
塔里木盆地	19.4	0.423 ± 0.16	－0.67 ± 0.59	0.82 ± 0.30	－1.29 ± 1.13
澜沧江流域	9.4	－0.40 ± 0.14		－0.37 ± 0.13	
雅鲁藏布江流域	38.8	－0.96 ± 0.10		－3.71 ± 0.40	
恒河流域	8.6	1.50 ⊥ 0.21		1.28 ± 0.18	
印度河流域	32.5	－1.05 ± 0.19		－3.39 ± 0.63	
青藏高原	315	0.1 ± 0.1	－0.58 ± 0.25	3.0 ± 3.44	－18.12 ± 7.9

图 5.14 为青藏高原积雪深度和土壤水变化趋势，青藏高原积雪深度数据来自寒区旱区科学数据中心（http：//westdc.westgis.ac.cn）发布的中国长时间序列雪深数据集，土壤水采用的是 GLDAS_Noah 模型的各层累加得到的 0 ~ 200 cm 土壤水含量。从图中可以看到青藏高原整体深度为减少趋势，怒江和澜沧江流域的积雪融化速度最快，其次为内流区和印度河流域，塔里木盆地的积雪呈现增加趋势，与温度数据对比发现，积雪的变

化与温度呈反比关系。从土壤水数据中可发现内流区东部的土壤水深度下降最快（超过10 mm/a），其次为雅鲁藏布江和印度河流域。经过统计发现：内流区的积雪和土壤水变化速度为（-0.21 ± 0.13）Gt/a 和（-1.24 ± 0.42）Gt/a，雅鲁藏布江流域的积雪和土壤水流失速度分别为（-0.05 ± 0.1）Gt/a 和（-1.7 ± 0.32）Gt/a。Neckel 等利用 ICESat 数据分析青藏高原 2003—2009 年冰川水储量减少速度为（13.9 ± 8.9）Gt/a，其中约（1.7 ± 1.9）Gt/a 流入内流区[176]。综上表明：在青藏高原内流区，湖泊水储量变化占整体水储量变化的最大比例，其余土壤水、冰川、积雪等均为减少趋势。

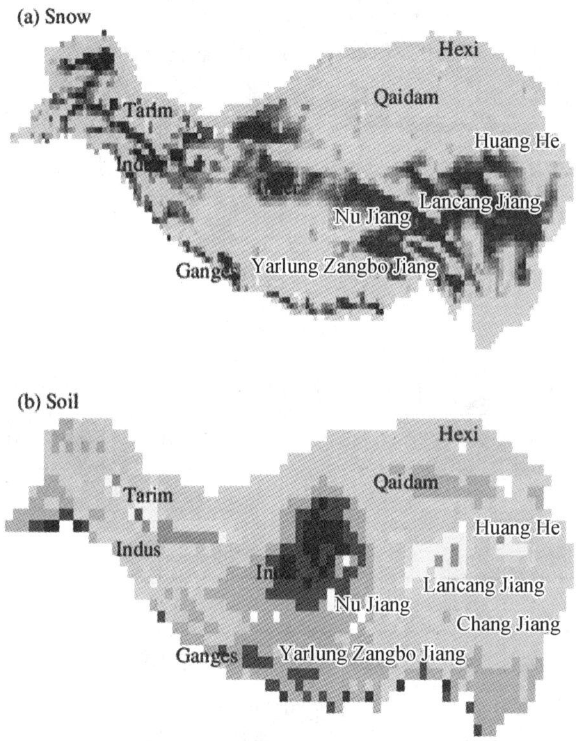

图 5.14 2003—2015 年青藏高原土壤水和积雪变化趋势

5.5.2 内流区湖泊水量平衡分析

国内外多位学者利用不同观测手段分析青藏高原湖泊变化，研究均显示青藏高原2000 年以来青藏高原湖泊处于快速扩张态势。利用 ICESat 卫星数据分析 2003—2009 年青藏高原湖泊平均水位变化为 23 cm/a 和 20 cm/a[44, 47]；车向红等以 MODIS 遥感数据分析 2000—2013 年青藏高原湖泊面积以 490.98 km^2/a 的速度扩张[71]。Song 等和 Wang 等认为 2003—2009 年青藏高原内流区湖泊水量上升速度分别为 6.79 Gt/a 和 7.53 Gt/a[24, 177]，是青藏高原整体湖泊水储量增加贡献最大的地区。对于青藏高原湖泊上涨原因的说法各不相同，有学者认为青藏高原的年均蒸发量是同期降水的 2 ~ 3 倍[178,179]，尽管降水有所增加，无法弥补蒸发造成的损失，因此湖泊的水量增加主要来源为降水以外的其他水源补给[180, 181]。另外还有大量研究表明，青藏高原的暖化加速了冰川和积雪的融化，是当地湖泊水量增加的重要水源。其中，Zhang 等指出青藏高原大部分湖泊增加的水量来自各流域冰川消融[44]。不过这一说法无法解释南部的雅鲁藏布江流域冰川迅速消融，而湖泊水位也持续下降（如羊卓雍错、佩枯错等），以及内流区中大量没有冰川补给湖泊水位的快速上涨。也有学者认为青藏高原东北部的湖泊水位与永久冻土退化存在紧密的关系[182]。

本书利用一个简单的质量平衡模型分析内流区水储量变化的机制，其中 TWS 为水储量变化，P 和 E 分别为降水和蒸发量，R 为径流量，区域的水量平衡可以表达如下：

$$\Delta \mathrm{TWS} = P - E - R \tag{5.1}$$

由于内流区是被认为是一个封闭的盆地，因此流入和流出的径流可视为零，这也意味着ΔTWS 等于 P 和 ET 之间的差值（即净降水量）。青藏高原中的湖泊多数为封闭型，Song 等统计的 105 个湖泊中仅有 12 个为非封闭湖泊，其中包含黄河上游的扎陵湖和龙羊峡水库等。经研究发现，非封闭湖泊的水位调节受到流入流出湖泊的水量影响，无法真实反映青藏高原区域的气候变化[6]，因而在本研究中仅讨论封闭湖泊类型，即上述水量平衡公式中不需考虑地表径流的影响。将内流区中的ΔTWS 划分为湖泊水储量变化ΔLWS 和其他水储量变化（冰川、永久冻土、积雪、土壤湿度和地下水，以下简称非湖泊水储量变化），结合上式，ΔLWS 等于净降水量减去非湖泊水储量变化（G）：

$$\Delta \mathrm{LWS} = P \cdot S_c - E_p \cdot S_w + G \tag{5.2}$$

式中：ΔLWS 为湖泊水储量变化；P 和 E_P 分别为降水量和蒸发量；S_w 和 S_c 分别为湖泊水域及汇水区的面积；G 为冰川、积雪和冻土等融水。

由于湖泊底部沉积岩及周边的永久冻土被视为不透水层，在湖泊水量平衡研究中通常不考虑地下水因素。但有研究表明，在青藏高原南部地区的季节性冻土区域面积和厚度有限，地下水和湖泊、河流的水量密切相关，如果不考虑地下水流失问题，湖泊的流入和流出量无法取得平衡。

图 5.15 为内流区气象站观测数据计算的平均降水和蒸发量，从图中可以看到 1992—2017 年，降水变化可以分成 3 个时期：1992—1997 年减少、1998—2011 年快速增加以及 2012—2017 年快速回落，蒸发量则为持续减少。降水的变化趋势与卫星测高及遥感观测的湖泊变化趋势基本保持一致，说明降水和湖泊变化具有很好的相关性。由于内流区中仅有 5 个气象观测站，无法准确估计该地区的降水和蒸发对于湖泊水量变化的贡献，因此本书中利用 GRACE 计算的ΔTWS 来代替净降水量。使用考虑季节性变化的线性函数拟合法计算ΔTWS 的变化趋势（图 5.13），将非湖泊水储量变化贡献计算为净降水量与湖泊水储量的差值。图 5.13 中显示了 2003—2011 年和 2012—2017 年内流区的净降

水量分别为（+6.03 ± 0.89）Gt/a 和（－3.73 ± 2.91）Gt/a，与湖泊水位和面积变化趋势基本一致。经计算显示，2003—2015 年内流区净降水量增加速率为 4.12 Gt/a，占湖泊水储量增加速率的 83.7%。研究结果表明，净降水是青藏高原湖泊水储量变化中最主要的贡献，这与现有的研究成果看法一致[26, 183-186]。

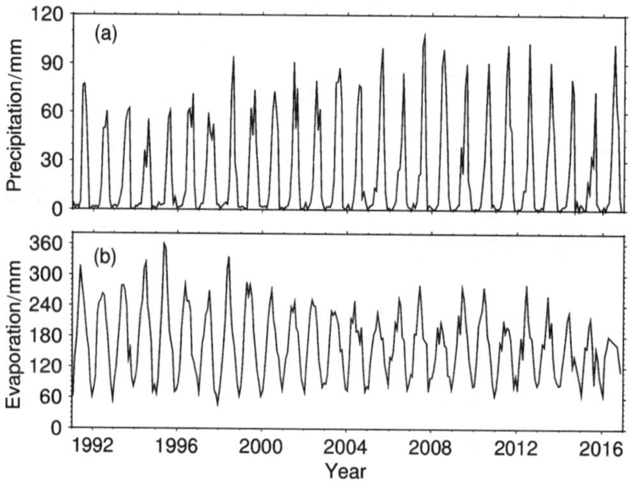

图 5.15 青藏高原内流区平均降水和蒸发量

5.6 本章小结

本章利用第 3 章介绍的研究方法分别计算了青藏高原湖泊水位、面积和水储量变化趋势，利用 GRACE 获取青藏高原水储量变化，并分析了内流区湖泊的水量平衡。主要研究内容和结论如下：

（1）分别利用 4 种测高卫星观测青藏高原湖泊水位变化，并与已知的研究成果取得一致的观测结果。综合 Topex 和 ERS 系列测高数据显示，1992—2017 年青藏高原湖泊总体水位上涨速率为 17.2 cm/a；ICESat 数据计算结果显示：2003—2009 年期间，青藏高原中 85.7%的湖泊为上涨趋势，平均上涨速率为 19.3 cm/a；Cryosat-2 数据显示：2010—2017 年出现 231 个湖泊（44.6%）有水位下降的现象，整体水位上涨速度为 5.1 cm/a。综合多种测高数据分析整体水位变化趋势，结果表明青藏高原湖泊水位变化呈现明显的时空特征：在时间尺度上，1997 年和 2012 年分别出现湖泊水位由降转升和由升转降的逆转；在空间尺度上，湖泊的水位变化呈现明显的区域特征，其中北部多为上升趋势，南部多为下降趋势。

（2）利用遥感数据提取青藏高原湖泊边界，并统计湖泊的面积变化趋势，结果显示：青藏高原中>10 km^2 的湖泊的数量和面积均经历了降转升和由升转降的变化；所有湖泊中多数（216 个）为上涨趋势，多分布于北部的内流区、黄河流域上游和柴达木盆地等地区，少数湖泊（18）为下降趋势，且主要分布在南部的雅鲁藏布江流域和印度河流域。

其中，内流区的湖泊扩张速度（444.6 km^2/a）占青藏高原整体湖泊扩张（452.45 km^2/a）的极大比重。利用遥感观测的湖泊面积变化与卫星测高观测的湖泊水位变化显示出高度的一致性。

（3）联合测高和遥感技术观测的湖泊水位和面积数据，计算青藏高原湖泊水储量变化，结果显示：1992—2015 年期间，青藏高原整体水储量变化为 5.87 Gt/a，其中色林错的水储量增加最快（1.22 Gt/a），约占总体增加量的 21%，水储量减少最快的为羊卓雍错（－0.11 Gt/a）。

（4）利用 GRACE 球谐系数计算了青藏高原水储量变化，结果显示青藏高原水储量变化与湖泊水储量变化的区域分布较为一致，从西南到东北方向依次从持续下降过渡为持续上升。从时间变化序列中能明显发现，中间区域（黄河流域和内流区）在 2012 年出现了明显的由升转降的转变。各区域中湖泊水储量变化占总体水储量变化的比重有所差异，其中内流区湖泊增加水储量占整体增加的水储量的最大贡献，雅鲁藏布江流域水储量减少表现为冰川的快速减少，湖泊水储量减少的比重仅占 11.4%。结合 GRACE 观测资料分析青藏高原内流区水量平衡，结果显示，2003—2015 年期间，内流区湖泊水储量增加的主要贡献为净降水量的增加。

第 6 章
青藏高原湖泊水储量变化的影响因素分析

湖泊水储量变化是区域环境变化的综合体现[187, 188]，无论是其季节性、年际还是长期变化，都直接或间接地与降水、气温等气候因子存在响应关系[189, 190]。气候变化以多种形式影响湖泊，例如：在青藏高原[131]或安第斯山山脉[191]地区，气温升高加速了冰川融化，导致地表径流急剧增加；同时气温上升也增加了湖泊集水区的蒸发量，从而减少了地表径流。当然，降水也是直接影响湖泊水储量变化的重要因素[182, 192]，在热带地区，海洋与大气之间的水循环在季节和年际时间尺度上对陆地水域有直接影响，以非洲东部的湖泊为例，许多学者分析维多利亚、马拉维等大湖和印度洋之间的联系，研究发现湖泊水位变化与 ENSO（El Niño-Southern Oscillation）和印度洋偶极子显著相关[193, 194]。湖泊在区域水循环中发挥着重要作用，尤其是在覆盖有大面积的湖泊和湿地的西伯利亚与加拿大等地区，这些地区的特点是夏季蒸发量高，而冬季由于大部分水面被冰覆盖，蒸发量较少。在许多干旱地区，人为因素对水资源的影响非常大，同时仍不能忽视了气候变化的影响，例如中亚地区就是这种情况，自 20 世纪 60 年代以来咸海湖泊面积持续萎缩，人们大量利用咸海灌溉农作物是其中一个原因，全球气候变暖则是加剧了湖泊的萎缩[195, 196]。

青藏高原地区的湖泊受人为因素影响较小，是研究湖泊与气候变化响应关系的理想场所。该地区具有高海拔且地形起伏剧烈，覆盖有大量冰川、积雪、永久冻土以及湖泊[10, 51, 197]；青藏高原的降水季节性差异明显区域气候差异巨大，其中夏季和秋季的降水量超过 80%[192]，降水主要是受印度季风、东亚季风和西风带的影响[178]。降水变化存在着强烈的区域和年际特征，东部和中部地区更加湿润，年降水量超过 700 mm；东北部和西部更加干燥，年降水量不到 100 mm[192, 198, 199]。统计显示，在过去 50 年里，青藏高原气温以 0.36 °C/10 a 的速度增长，冬季温度的上升速度更高于年均速度[199]。这些气候变化的地理特征对湖泊的水量平衡存在显著的影响，如上一章节所叙述，在雅鲁藏布江流域、黄河上游的湖泊水位持续下降，内流区的湖泊水位大幅上涨。气候变化对湖泊的影响不仅包括降水和蒸发对水量的直接作用，还包括冰川、积雪、永久冻土通过地表和地下径流对湖泊的影响[10, 24, 200-202]。为了综合分析湖泊对气候变化响应的综合影响，本章将分类讨论各气候因子与湖泊变化的关系。

中国气象局（CMA：China Meteorological Administration，http：//cdc.cma.gov.cn）提供了 158 个青藏高原及周边的气象站观测数据，包括降水、蒸发、气温、风速、日照时长等参数。由于气象站的分布极不均匀，东部和南部有大量气象站，西部和北部大面积的地区缺乏实测气象数据，值得注意的是绝大多数湖泊周围 30 km 以内没有气象观测站。因此，本书中还参考了气象共享网中发布的 1° × 1°的降水和温度数据，蒸发数据选取的是 GLEAM（Global Land Evaporation Amsterdam Model）模型的潜蒸发量和开阔水域蒸发量。为了讨论冰川及积雪的影响，本研究还选取了青藏高原科学数据中心（http://www.tpedatabase.cn）2017 年 7 月发布的 Randolph 冰川目录（RGI）6.0 版本和寒旱区科学数据中心（http://westdc.westgis.ac.cn）发布的中国长时间序列雪深数据集。

6.1　冰川冻土分布的影响

为了详细讨论湖泊水量变化的因素，本研究找出每个湖泊的汇水范围。利用 ArcGIS 处理 DEM 数据可以获取精准的湖泊汇水范围，本研究用到的湖泊集水区边界数据采用的是美国地质调查局网站下载的 15′分辨率的 HydroSHEDS 数据集，在 Google Earth 软件的帮助下检查每个汇水区，并根据 SRTM 的数字高程模型数据，通过手动描绘修改了一些不正确的流域边界。例如，拉昂错、羊卓雍错等湖泊的汇水范围没有绘制，赤布张错和多尔索洞错在 2005 年连成一个湖泊，该数据集中仍将其分成两个汇水区。本研究提取了青藏高原中的 542 个湖泊汇水区（如图 6.1 所示），并计算每个汇水区的面积（S）。

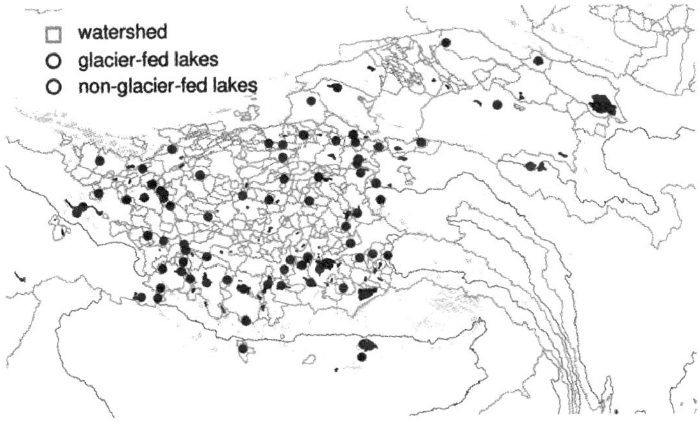

图 6.1　青藏高原冰川补给湖泊和非冰川补给湖泊

许多研究表明，在过去几十年中，青藏高原的冰川质量持续减少[203-207]。然而由于无法定量估计冰川融水体量，有关冰川在湖泊水量平衡中的作用仍存在很大的争议。本书中定性分析了冰川融水的存在是否对湖泊水位变化产生印象，为了检验每个湖泊是否有冰川融水补给，本研究选取了 Randolph 冰川目录，通过 Google Earth 软件人工检查，发现多数冰川的分布和面积与影像资料一致，仅有少数地区的冰川略有移位，但是它是唯一公开可用的涵盖整个青藏高原的冰川目录。本书计算了每个湖泊汇水区中的冰川面积（SG），与 Song 等的比对结果基本一致[24]。本书用冰川面积与湖泊面积的比值称为冰川系数，用于分析每个湖泊的冰川融水补给能力。

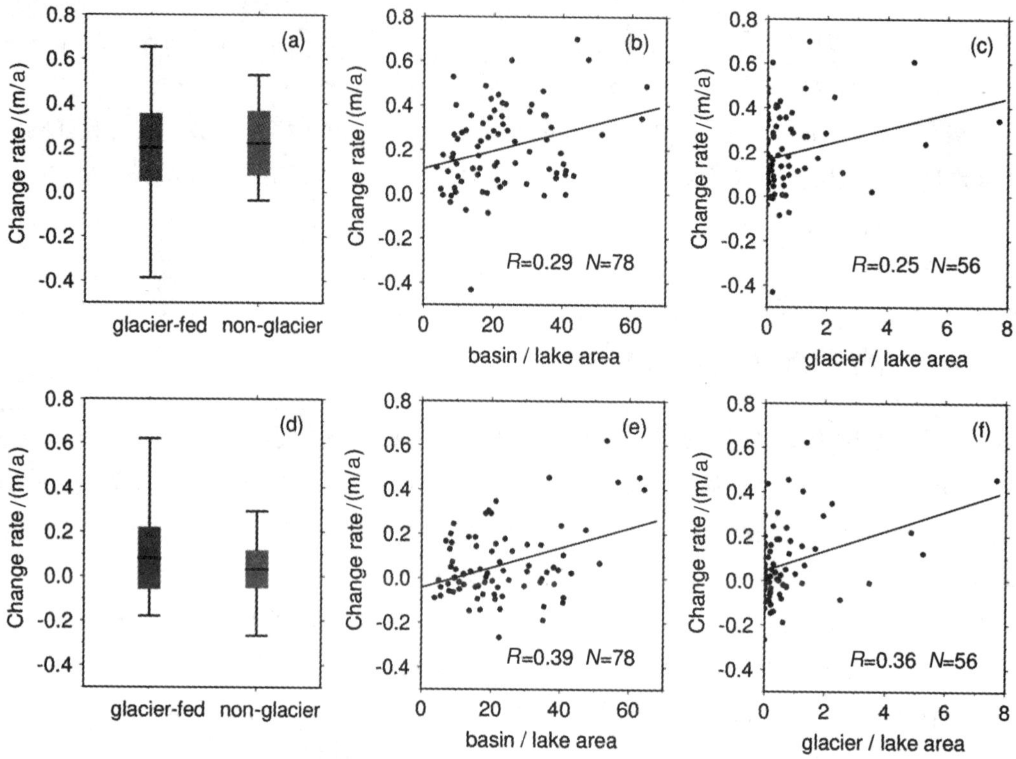

图 6.2 冰川补给湖泊与非冰川补给湖泊水位变化统计

部分学者认为青藏高原湖泊中降水小于蒸发，因而降水的增加不能解释湖泊水位的增加。实际上，湖泊的降水包括直接降落在湖区内的水以及汇水区其他区域的降水。本研究中将汇水区面积（S）与湖水面积（SL）的比例称为汇水系数，汇水系数一般为远大于 1 的数值，汇水系数越大表明湖泊能汇入的降水越多，也部分解释了降水量小于蒸发量，湖泊水量却为上涨趋势。统计青藏高原各流域的汇水系数和冰川系数（表 6.1），从表中可以看到，各区域湖泊的汇水系数多为 20 ~ 30。由于可能的渗透、蒸发等因素影响，汇水区的降水仅有部分能汇入湖泊，因而汇水系数仅作为区域内降水放大作用的参考。

图 6.2 分别为 2003—2009 年和 2010—2017 年的冰川补给与非冰川补给湖泊的水位变化统计，其中图 6.2（a）比较了 2003—2009 年冰川补给湖和非冰川补给湖泊的变化趋势。统计 2003—2009 年青藏高原湖泊水位变化发现，非冰川补给湖泊的水位变化速度与冰川补给湖泊的变化速度没有明显的差别。非冰川补给湖泊水位的上涨速度为 22 cm/a，与冰川补给湖泊的平均变化速率 20 cm/a 接近。冰川补给湖泊的水位增长速度没有显著高于非冰川湖泊的上涨速度，说明这段时期冰川融水并不是青藏高原湖泊水位整体快速上涨的主要原因。从图中还可以发现，冰川补给湖泊中的水位上涨或回落的幅度均大于非冰川补给湖泊，但还不能排除其他因素的影响。

图 6.2（b）和 6.2（c）为水位变化速度与流域系数和冰川系数的关系，从图中可看出湖泊水位变化与流域系数和冰川系数均存在一定的线性相关性。在相邻的两个湖泊汇水区，可认为具有相似的气象条件，汇水系数越大的湖泊水位上涨的速度越大，如相邻的当惹雍错和昂孜错的汇水系数分别为 10.86 和 18.88，两个湖泊在 2003—2009 年的水位变化速度分别为 27.0 cm/a 和 35.0 cm/a，这也部分解释了相邻湖泊中昂孜错水位上涨更快的原因。

表 6.1　2003—2017 年部分青藏高原湖泊信息统计

项目	冰川补给湖泊				非冰川补给湖泊			
	数量	冰川系数	汇水系数	水位变化速率（03-09/10-17）	数量	冰川系数	汇水系数	水位变化速率（03-09/10-17）
雅鲁藏布江	4	1.23	9.95	－0.12/－0.06	0	—	—	—
河西	1	0.17	8.04	0.16/0.13	0	—	—	—
印度河	4	0.31	34.32	0.02/－0.02	0	—	—	—
内流区	42	1.03	25.43	0.26/0.11	19	0	20.85	0.24/0.02
柴达木	2	0.68	30.59	0.06/0.05	1	0	15.47	0.09/－0.04
怒江	1	0.20	29.58	0.05/－0.04	0	—	—	—
黄河	1	0.70	8.32	0.18/0.05	1	0	9.62	0.25/0.01
长江	1	0.01	6.92	0.10/0.17	1	0	3.64	0.12/－0.09

图 6.2（d）~（f）统计了 2010—2017 年青藏高原的 78 个湖泊水位变化及其与汇水系数和冰川系数的关系。2010—2017 年，冰川补给湖泊和非冰川补给湖泊的平均增长速度分别为 8 cm/a 和 3 cm/a，湖泊水位增长趋缓的可能原因是降水的减少。不难发现，有冰川补给湖泊的水位增长速率明显高于仅靠降水补给的湖泊，这意味着这段时期降水急剧减少的情况下，冰川融水对于湖泊水位增长的贡献有所增强，冰川融水可能部分补偿了净降水量减少的影响，但无法完全抵消净降水量下降的长期影响。从图 6.2（f）中可看到，冰川系数与湖泊水位变化的相关性从上一时期的 0.25 提高到 0.36，也说明了冰川融水的贡献有所增加。

表 6.1 统计了青藏高原各流域的冰川补给湖泊和非冰川补给湖泊的水位变化率，其中仅有内流区、柴达木盆地、长江和黄河上游有非冰川补给湖泊。比较 4 个区域的两类湖泊水位变化，发现 2003—2009 年期间，仅内流区的冰川湖泊水位增长略高于非冰川

湖泊，但两组数据的平均变化率的差异太小，无统计学意义。

2010—2017 年期间，各流域的冰川湖泊的增长趋势均高于非冰川湖泊。比较各流域冰川湖泊和非冰川湖泊的差异，发现冰川融水在各流域的作用均不相同，其中长江流域和柴达木盆地的冰川湖泊为正成长，而非冰川湖泊为下降趋势。

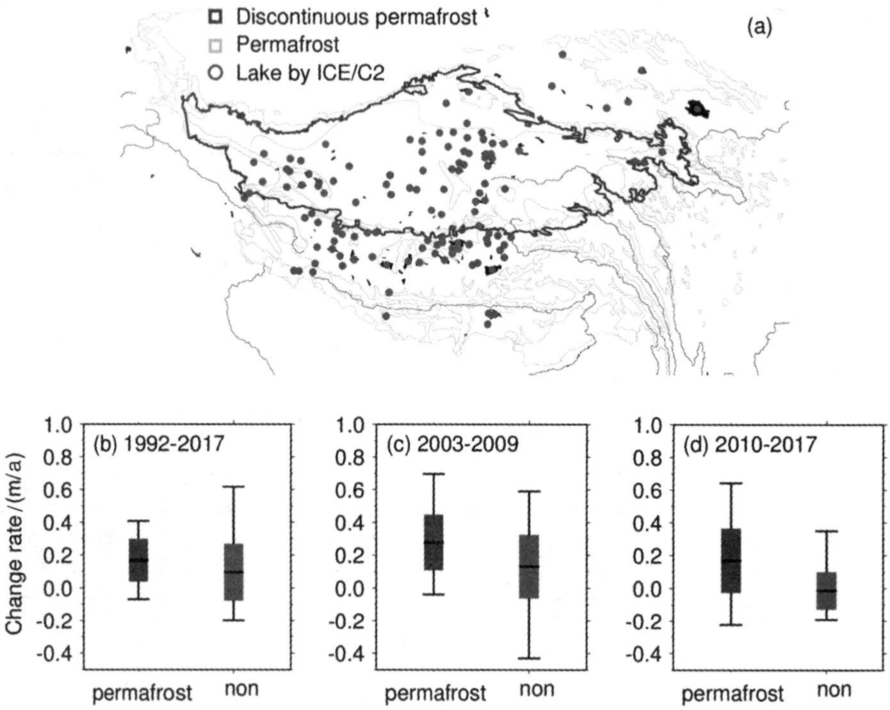

图 6.3 青藏高原冻土区湖泊水位变化统计

受气温上升影响，青藏高原地区的积雪和永久冻土也出现加速退化现象，研究发现各区域的雪水含量变化与湖泊水储量变化呈反比关系，但由于积雪变化的幅度太小（如图 5.14），积雪融水对湖泊水储量变化的影响十分有限。青藏高原地区分布有大量冻土[208]，图 6.3（a）中深色线范围为高原不连续性冻土范围。从 Cryosat-2 观测结果中显示内流区南部大量湖泊出现湖水位下降趋势，而冻土区则为快速上升趋势，为了证实湖泊水储量变化是否与冻土消融有关，本书比较了 3 个时期冻土区和非冻土区的湖泊变化[图 6.3（b）~（d）]。统计结果显示：1992—2017 年，利用 T/P 和 ERS 测高数据观测的湖泊中，冻土区的湖泊年均上涨 16.8 cm，非冻土区的上涨速度为 9.4 cm；2003—2009 年期间，ICESat 观测的冻土区和非冻土区湖泊上涨速度分别为 27.8 cm 和 13.2 cm；2010—2017 年期间，Cryosat-2 观测的冻土区和非冻土区湖泊上涨速度分别为 17 cm 和 −1.3 cm。从统计结果来看，冻土区的湖泊上涨速度均高于非冻土区。

图 6.3（a）中冻土大多位于内流区，为了分析该区域冻土区的湖泊上涨原因，利

用 GRACE 计算内流区中冻土区和非冻土区的的等效水高变化（图 6.4）。图中可看到：2003—2011 年非冻土区的等效水高变化远低于冻土区[分别为(0.15 ± 0.10)cm/a 和(1.12 ± 0.15) cm/a]；2012—2017 年冻土区的等效水高减少速度为 – 0.41 cm/a，非冻土区减少速度为 – 0.86 cm/a。表 6.2 统计两个区域的陆地水储量变化和湖泊水储量变化。2003—2009 年冻土区的ΔTWS 大于ΔLWS，表明这段期间非湖泊部分（土壤、冻土、冰川等）储存部分水量；而 2010—2017 年冻土区的ΔTWS 小于ΔLWS，表明湖泊水储量的增加主要来自净降水量以外的部分。综上表明，冻土层对湖泊水储量变化有一定的调节作用：当净降水量快速增加时，冻土层吸收部分降水量，增加的湖泊水储量小于降水增加量；当净降水量急剧减少时，冻土层释放部分水量，使得湖泊水储量仍呈现为略微上升趋势。

表 6.2　2003—2017 年青藏高原内流区区水储量变化　　单位：Gt/a

项　目	2003—2009		2010—2017	
	ΔTWS	ΔLWS	ΔTWS	ΔLWS
Permafrost	5.39	3.57	– 2.08	2.11
non	0.34	3.27	– 1.87	– 0.24
Inner	5.73	6.84	– 2.95	1.87

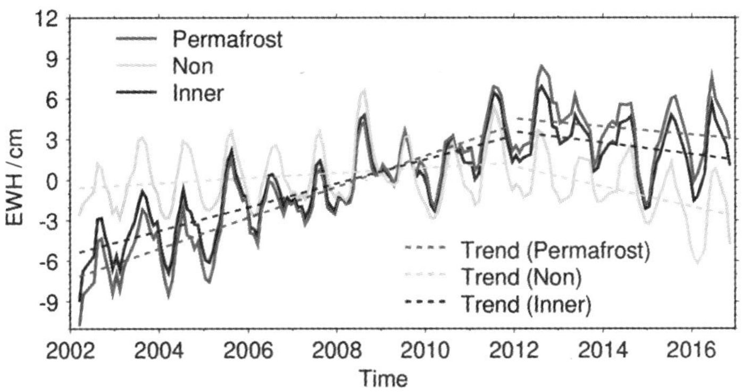

图 6.4　2003—2017 年青藏高原不连续冻土区等效水高变化

6.2　降水-蒸发的影响

冰川融水只为部分湖泊提供水源补给，而降水和蒸发是影响绝大多数湖泊水量变化的重要因素，上文中已说明了净降水量与内流区湖泊水储量的增加有关。为了进一步分析青藏高原地区的湖泊变化与降水和蒸发量变化密切相关，我们分析了 1992 年至 2015 年期间青藏高原年降水变化的空间格局和潜在蒸发量。图 6.5 显示了 1992—2015 年青藏高原的年降水变化的气象站观测数据和格网数据。气象站实测数据中显示多数站点的降水是增加，东南部雅鲁藏布江流域和长江流域为下降趋势，与湖泊水位变化的区域分布一致。值得注意的是，西部的拉昂错和玛旁雍错水位持续下降，周边气象站测量的降水数据显示是增加状态。格网数据中补充了缺少实测资料区域的降水信息，从图中可看到内流区内降水均为增加趋势，增加幅度也最大（一般为 6 ~ 18 mm），部分解释了该地区湖泊整体水位的快速上涨，其中水位快速增长的色林错和昂孜错所在地区的降水增加最快。

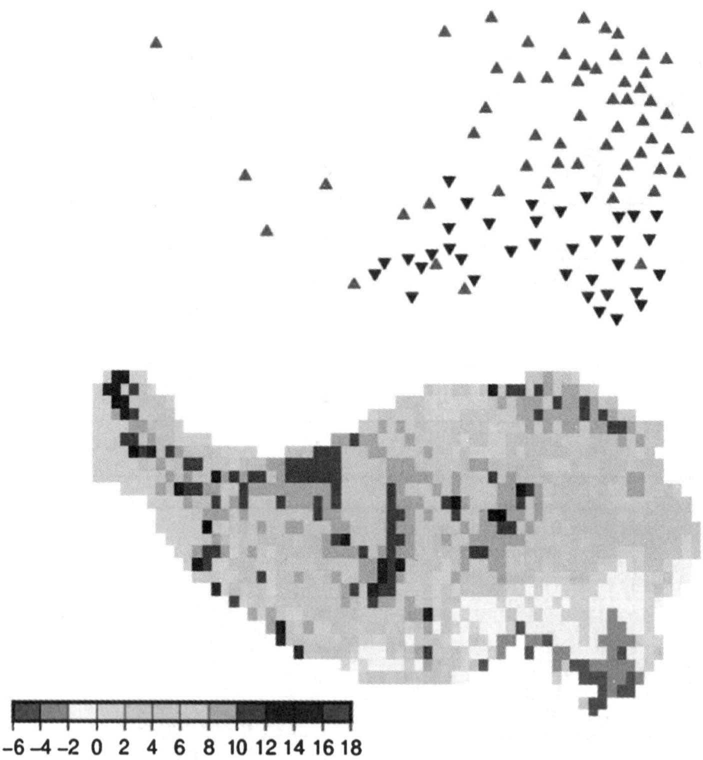

图 6.5　1992—2015 年青藏高原降水变化

蒸发是多数封闭湖泊水量减少的原因，本研究中采用 GLEAM 模型的潜蒸发数据青藏高原湖泊蒸发量[209]。GLEAM 模型提供实际蒸发量、潜蒸发量、植物蒸腾、雪水蒸发和开阔水域蒸发等产品，本研究中选取其中的潜蒸发和开阔水域蒸发量进行分析。过去的研究表明，潜蒸发量对湖泊水蒸发的估计最为准确，也常被多数学者用于计算湖泊水量平衡[6, 183]。蒸发量是气温、风、日照、是否有冰面覆盖等因素综合影响的结果，尽管青藏高原温度持续上升，潜蒸发量却是持续下降的，可能的原因是风速的减弱。利用 GLEAM 和气象站观测数据均能发现青藏高原整体蒸发减弱的现象（图 6.6）。图 6.6（a）为 1992—2015 年青藏高原蒸发量变化，从图中可看到多数地区的蒸发量呈现持续下降趋势，下降最快的地区为内流区、雅鲁藏布江以及黄河上游部分地区，中国藏南地区和印度河流域为蒸发增加的区域。图 6.6（b）为 GLEAM 模型提供的部分开阔水域（湖泊、湿地）的年蒸发量变化（开阔水域蒸发变化的幅度远小于潜蒸发量，本书中仅作为湖泊蒸发量变化的定性分析参考）。从图中可看到多数湖泊的蒸发量为减少趋势，柴达木盆地和青藏高原西部部分湖泊的蒸发量为增加，其中上文提及的拉昂错和玛旁雍错的蒸发量增加，这也部分解释了这两个湖泊的降水增加、水位却减少的原因。另外，湖泊蒸发量增加且水位下降的湖泊还有雅鲁藏布江流域的佩枯错和柴达木盆地的库水浣湖。

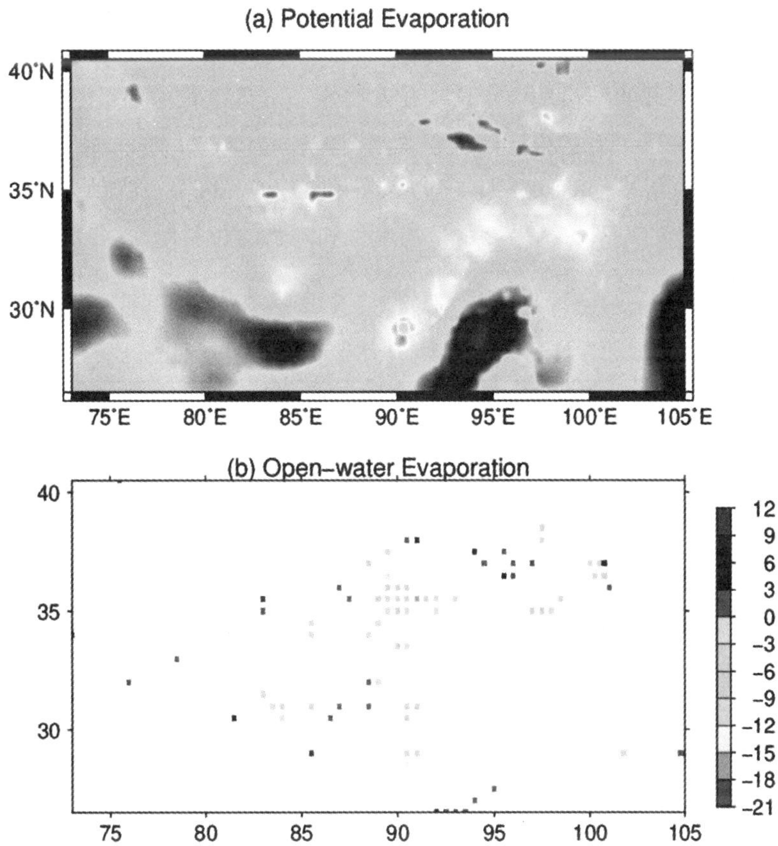

（a）潜蒸发量趋势；（b）开阔水体蒸发趋势分布

图 6.6　1992—2015 年青藏高原潜蒸发量和开阔水体蒸发趋势

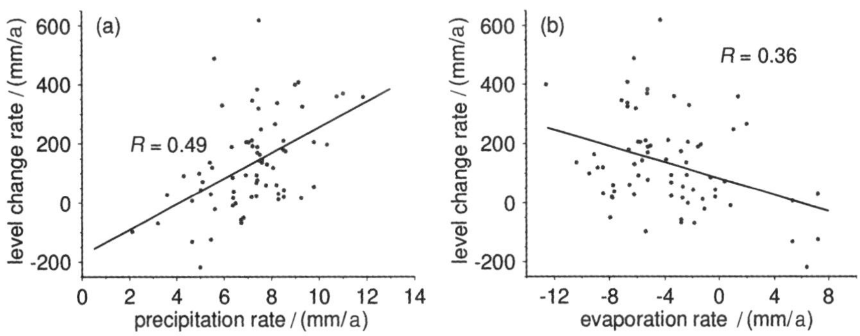

图 6.7　2003—2017 年降水-蒸发与湖水位变化关系

图 6.7 分析了 2003—2017 年 78 个青藏高原湖泊水位变化和相应汇水区的降水、蒸发变化关系，图中清楚显示湖泊水位变化与降水呈正比关系（相关系数 $R = 0.49$），水位变化关系与蒸发速度呈反比关系（$R = 0.36$）。降水变化的幅度稍小于蒸发量，由于汇水系数的影响放大了降水的作用，因而降水变化的相关性稍高于蒸发变化的相关性。具体比较每个湖泊的水位、降水和蒸发变化信息，发现部分水位快速增加而降水和蒸发变化幅度并不明显的湖泊，其中集中分布在内流区东南部的色林错、蓬错和兹格塘错等 3 个湖泊就是这种情况。

本书统计了各流域的湖泊平均水位变化和降水、蒸发变化的关系，见表 6.3。其中降水增加最快（7.66 mm/a）的内流区的平均水位增长最快（24.02 cm/a），其次为河西走廊地区（降水和水位增长速率分别为 7.45 mm/a 和 11.86 cm/a）。在流域尺度统计水位变化和降水、蒸发变化的关系，结果显示平均水位和降水的相关性为 0.91，和蒸发的相关性也上升到 0.49。

表 6.3　青藏高原各流域降水蒸发与湖泊水位变化统计

流　域	降水变化/（mm/a）	蒸发变化/（mm/a）	水位变化/（cm/a）
雅鲁藏布江	4.02	2.88	−5.62
河西	7.45	−4.80	11.86
印度河	5.03	0.84	7.26
内流区	7.66	−4.32	24.02
柴达木	5.70	0.24	7.46
长江	4.57	−3.72	−2.31
黄河	6.17	−5.64	6.70

综上表明，青藏高原湖泊水位变化与降水和蒸发变化有关，整体表现为降水增加和蒸发量减少为湖泊水位上涨的正向贡献。不同区域的湖泊中，降水和蒸发对湖泊水位变化的贡献存在一定差异，多数地区湖泊的涨跌与降水变化的重合度较高（如内流区湖泊水位上涨和雅鲁藏布江湖泊水位回落），部分地区的湖泊中蒸发量的变化为主导作用（如拉昂错和玛旁雍错）。因而，由于湖泊水位变化的空间异质性，以湖泊汇水区为单位统计的降水、蒸发和水位变化的相关性较弱，在流域尺度能发现湖泊水位变化和降水蒸发的高度相关性。

假设湖盆结构为一个上端开口其余封闭的容器，不考虑冰雪、冻土融水和地下水交换等因素的影响，则湖泊水量变化等于净降水量的累积。第 5.5 节的分析中指出净降水量是青藏高原湖泊的水量平衡中最主要的贡献量，本节中尝试利用降水和蒸发来模拟湖泊水量变化。由于多数观测站的数据显示蒸发量为降水的 2～3 倍，直接用降水减去蒸发（$P-E$）累积会出现单调递减的湖泊变化。前文中提及湖泊接受的降水补给为汇水范围内全部降水，考虑到降水径流的蒸发和渗漏等影响，因而实际降水数据应当乘以一个大于 1 且小于汇水系数的值，才能实现湖泊水量平衡。

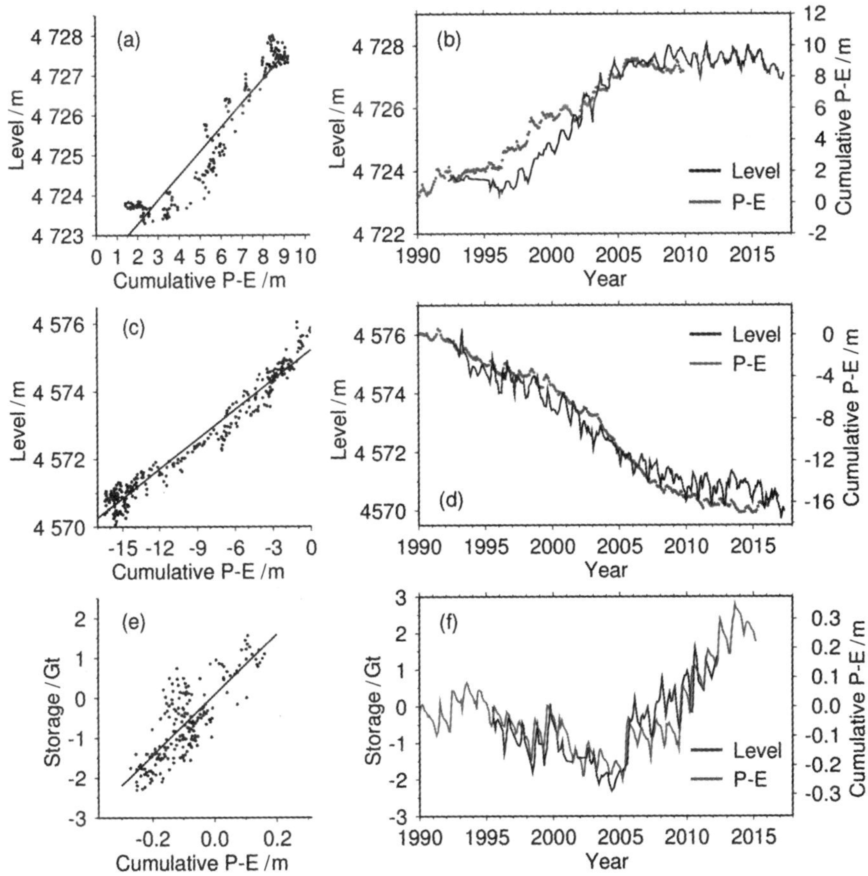

图 6.8　纳木错、拉昂错、青海湖湖水变化与降水-蒸发关系

图 6.8 为分别利用纳木错、拉昂错和青海湖周边的气象站观测数据模拟的湖泊变化。左图为 3 个湖泊测量值和模拟值的比对，相关性分别达到 0.91、0.96 和 0.65。右图为净降水累积和湖泊变化时间序列，其中（b）、（d）、（f）中红色和蓝色线分别表示 $P-E$ 累积量和湖水位（水量），两者的走势基本一致，且季节性变化基本同步。其中的差异部分可以理解成净降水量以外的因素影响，如 2006—2016 年拉昂错中实际水位高于模拟水位，可据此分析冰川融水是否增加；图 6.8（b）中显示 1993—2002 年纳木错实际水位远低于模拟水位，应考虑湖盆内土壤渗透等因素是否增加。上述分析说明净降水量可用于模拟单个湖泊的水位（水量）变化，实际湖泊变化和模拟值的对比可用于分析湖盆类其他水量平衡因子的变化。将内流区视为一个大的汇水区，则可用净降水量模拟区域

的水量变化（图 6.9），用内流区湖泊面积作为对比数据，两者的变化基本一致。

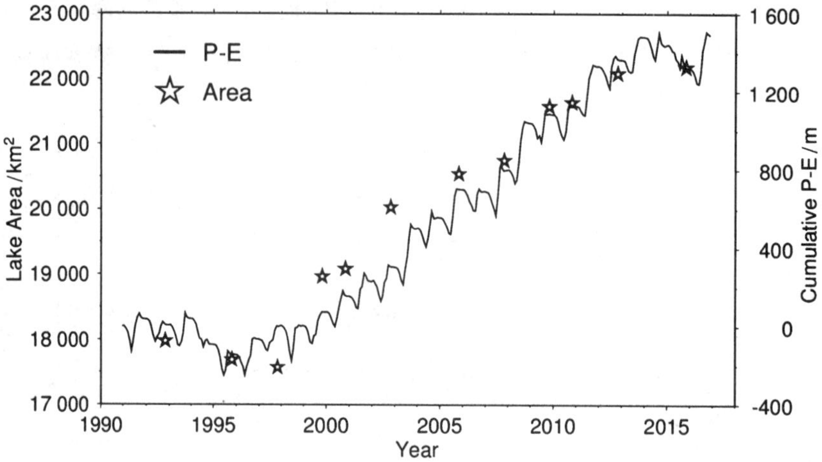

图 6.9 青藏高原内流区湖泊面积与降水-蒸发关系

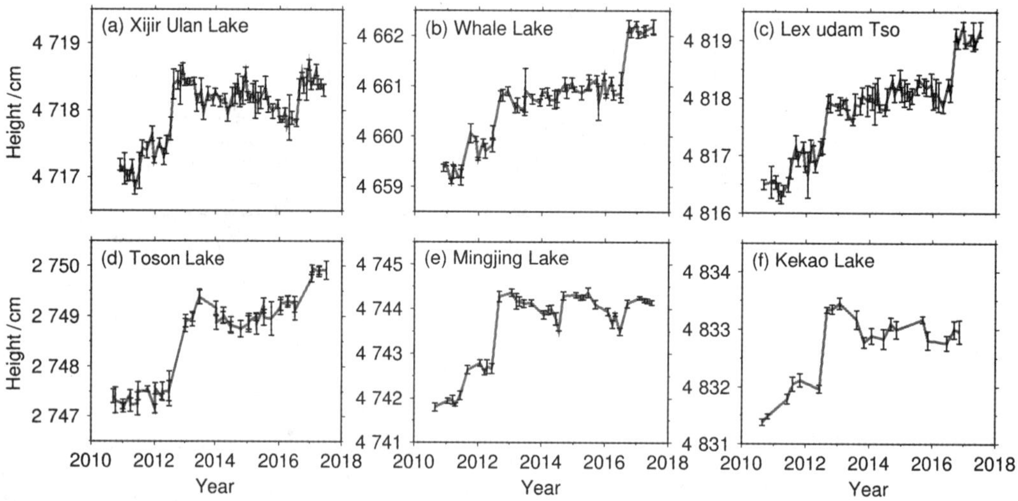

图 6.10 内流区北部湖泊水位变化时间序列

降水是影响湖泊的长期、年际以及季节性水位变化的重要因素，湖泊水位对于突发性降水同样敏感。本研究利用 Jason-2 卫星数据发现 2012 年青藏高原中多数出现水位由升转降的变化，同时根据 Cryosat-2 卫星数据发现 2011 年、2012 年和 2016 年三个时段内流区 26 个湖泊出现水位暴涨现象，部分湖泊水位变化时间序列见图 6.10，图中可看到 2012 年和 2016 年夏季水位异常增加，水位突变的时间仅为 1～3 个月，变化的幅度为 1.5～2 m 不等。图 6.11 为水位异常增加湖泊的分布情况，从图中不难发现湖泊分布于内流区北部，其中一个湖泊在柴达木盆地。用降水格网数据计算区域的平均降水，结果发现 2011 年和 2012 年同时段降水的异常增加现象[图 6.12（a）]。

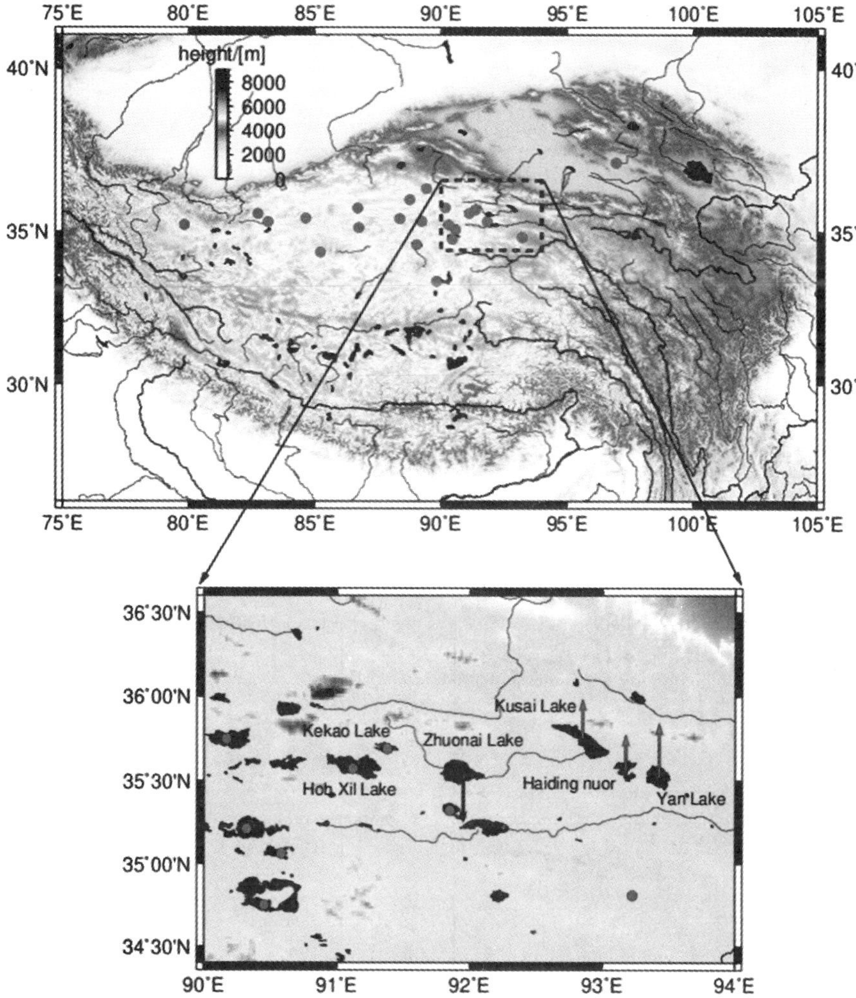

图 6.11　2011—2012 年内流区北部水位异常湖泊分布

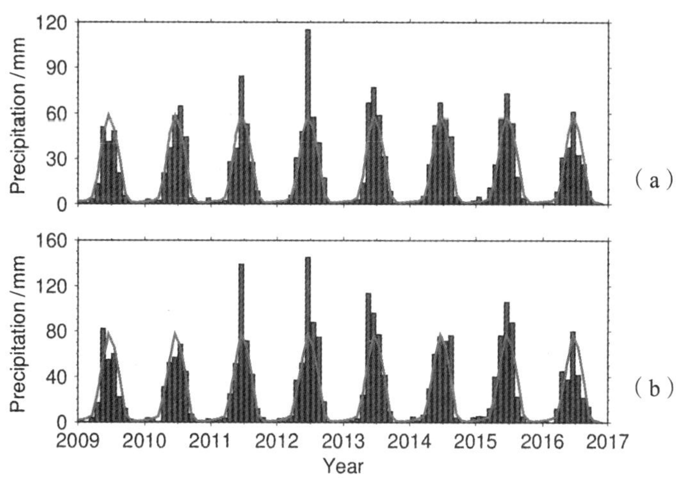

图 6.12　2009—2017 年青藏高原北部地区异常降水

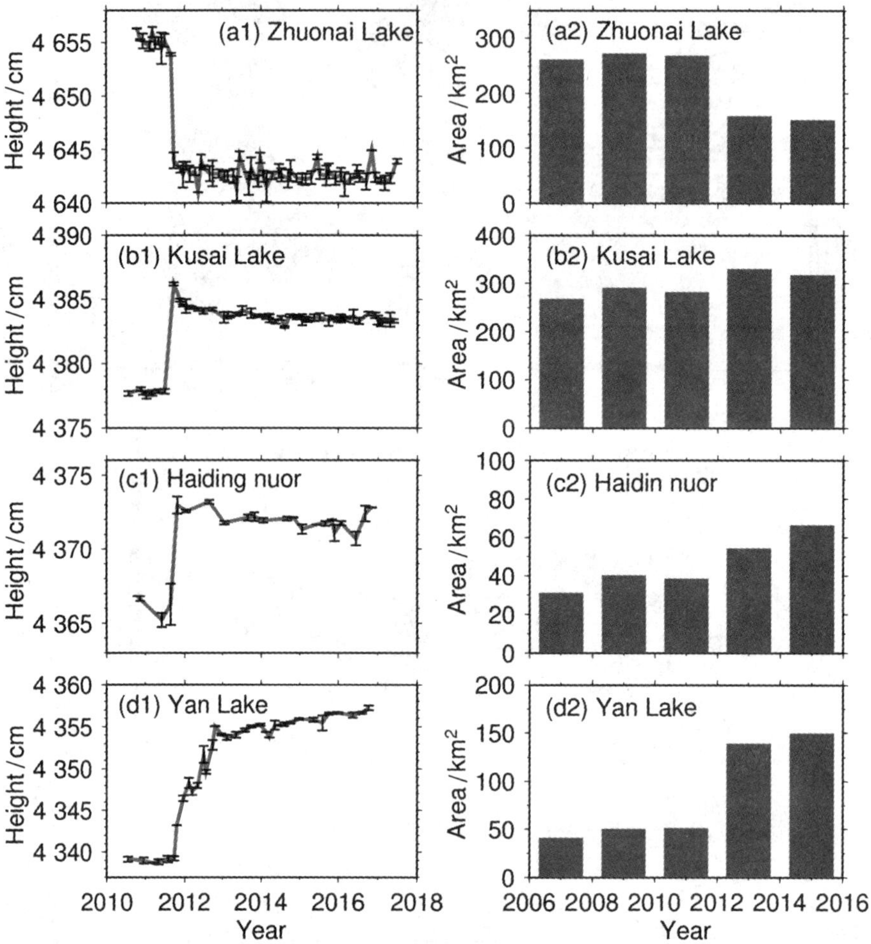

图 6.13 2011 年卓乃湖溃湖事件中湖泊水位-面积变化

本书中利用 Cryosat-2 卫星观测到可可西里地区的卓乃湖和库赛湖的水位异常变化现象（图 6.13），该地区刚好位于降水异常增加的附近地区。本书结合 Cryosat-2 数据、遥感影像数据完整地还原了这一事件的过程。降水数据显示 2011 年 8 月份卓乃湖所在区域出现异常降水[图 6.12（b）]，卓乃湖出现溃堤，湖泊水大量流向下游的库赛湖，库赛湖承接了大部分湖水，多余部分先后流向下游的海丁诺尔湖和盐湖。据测高和遥感影像数据显示：卓乃湖水位下降了超过 11 m，湖泊面积从 268.0 km^2 急剧减小到 158.8 km^2；下游 3 个湖泊水位分别上涨了 8 m、6 m 和 7 m，面积分别扩大了 49.2 km^2、16.0 km^2 和

88.1 km^2。Hwang 等以 Jason-2 数据同样观测到库赛湖的水位突然上涨现象[45]，而本书中采用的 Cryosat-2 数据能覆盖更多周边的湖泊，完整地叙述湖泊溃堤过程。姚晓军等用中国环境与灾害监测预报卫星 HJ1A/B 和 Landsat 影像为基础，结合当地气象站实测气温降水资料，利用地理信息技术对库赛湖湖水外溢的成因进行讨论[210]，结论与本书的结果基本一致。青藏高原北部地区常年降水稀少、气候干燥、土壤风化严重，突然性的降水容易引发湖泊溃堤、泥石流等地质灾害。Wang 等利用 ICESat 数据观测到 2005 年 8 月份该地区部分湖泊水位异常增加的现象，其中包括鄂陵湖、青海湖和龙羊峡等大型湖泊[176]。本书的研究表明突发性降水对青藏高原北部地区湖泊的水位变化影响巨大，湖泊水位的迅速上涨为该地区的地质环境造成潜在危险，利用测高技术观测数据可以有效掌握湖泊水位变化信息，可以为当地地质灾害防治提供数据支持。

6.3　温度变化的影响

温度是影响湖泊变化的另一个重要因素。过去几十年间，青藏高原的气候变化特征主要表现为降水增加、蒸发减弱以及气温快速上升[24]。由于青藏高原位于干旱/半干旱地区[211]，该地区气温升高对冰冻圈产生重要影响，可能导致冰川积雪和永久冻土加速融化，从而增加湖泊水量[13, 204]。然而，气候变暖导致蒸发量增加，将对湖泊水量增加产生反向效果[212]。因此，很难确定温度上升对湖泊水量是增加作用还是减少作用。

本研究选取气象实测数据和格网数据计算了 1992—2015 年青藏高原气温变化（见图 6.14），两种数据均显示青藏高原整体温度为上升趋势，所有实测数据中仅西宁站显示为气温下降（－0.02 °C/a），格网数据中显示青藏高原西部的气温下降。对比气温与积雪深度变化（图 6.14）发现两者在空间分布较为一致，温度升高较快的长江、黄河源头地区积雪融化最快，气温下降的西部地区积雪深度不断增加，这初步说明了气温上升和积雪融水的增加呈正向关系。值得注意的是湖泊分布最多的内流区、黄河流域和雅鲁藏布江流域均为温度升高较快的地区，湖泊水位变化表现并完全不一致。

图 6.15 统计了青藏高原地区 12 个月份的平均气温及与气温相关的水量变化因素，图中可看到秋季（7—10 月份）的气温最高，对应的蒸发量、积雪融水和冻土退化速度也最快，且占全年整体变化的最大比重。因此，本研究进一步分析了 4 个季节的温度变化情况，见图 6.16。图中显示 4 个季节的变化趋势与全年的平均变化趋势接近，其中秋季和冬季的温度上升速度稍高于春、夏两季。

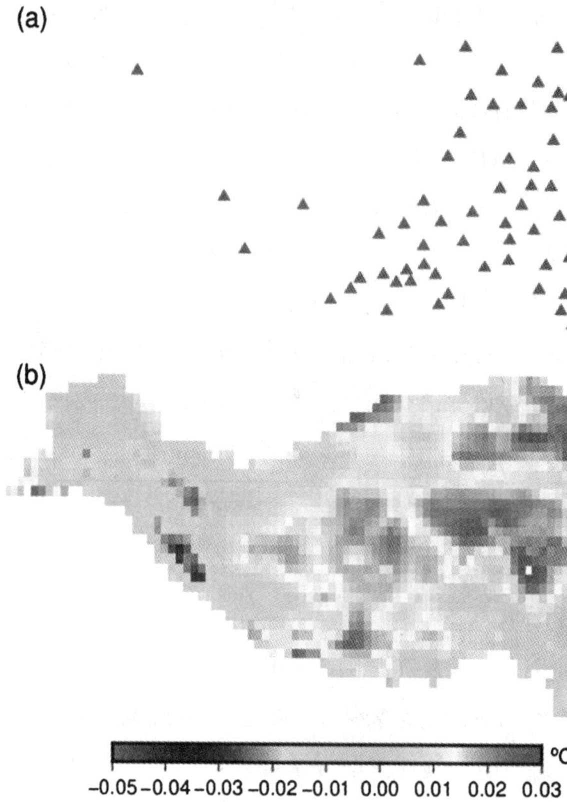

图 6.14 1992—2015 年青藏高原气温变化

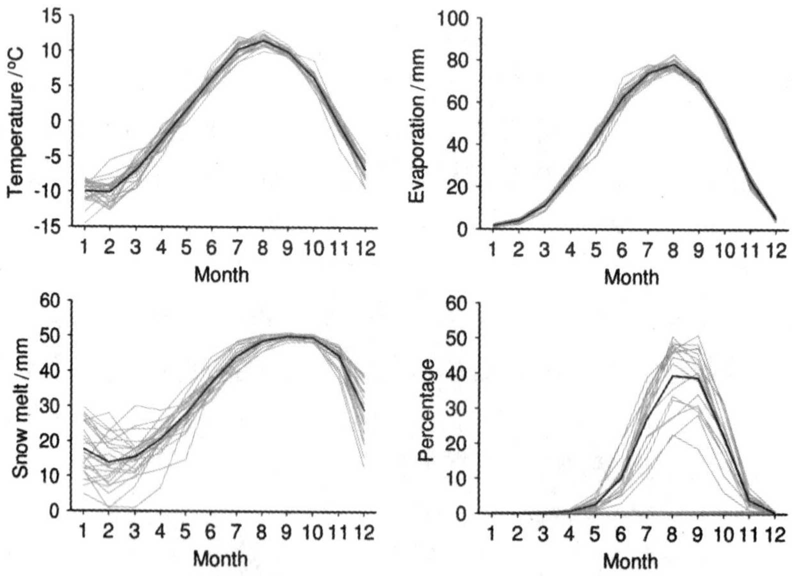

图 6.15 青藏高原温度、蒸发、积雪和冻土月平均观测值

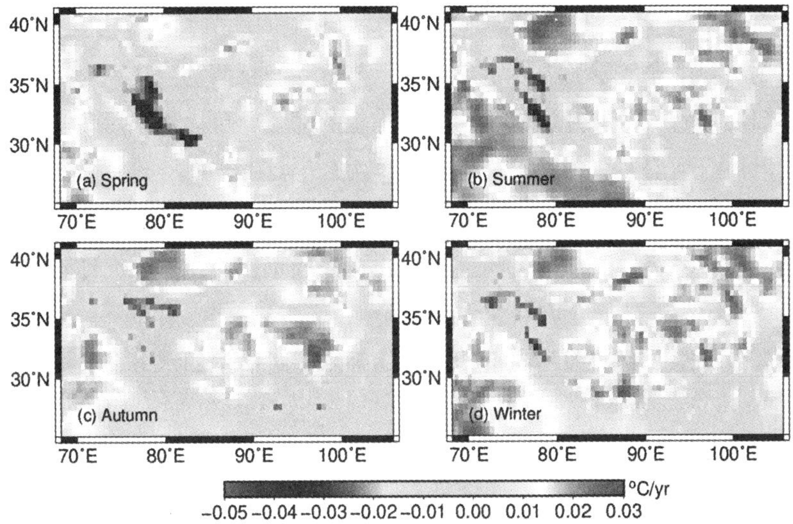

图 6.16　青藏高原季节性气温变化

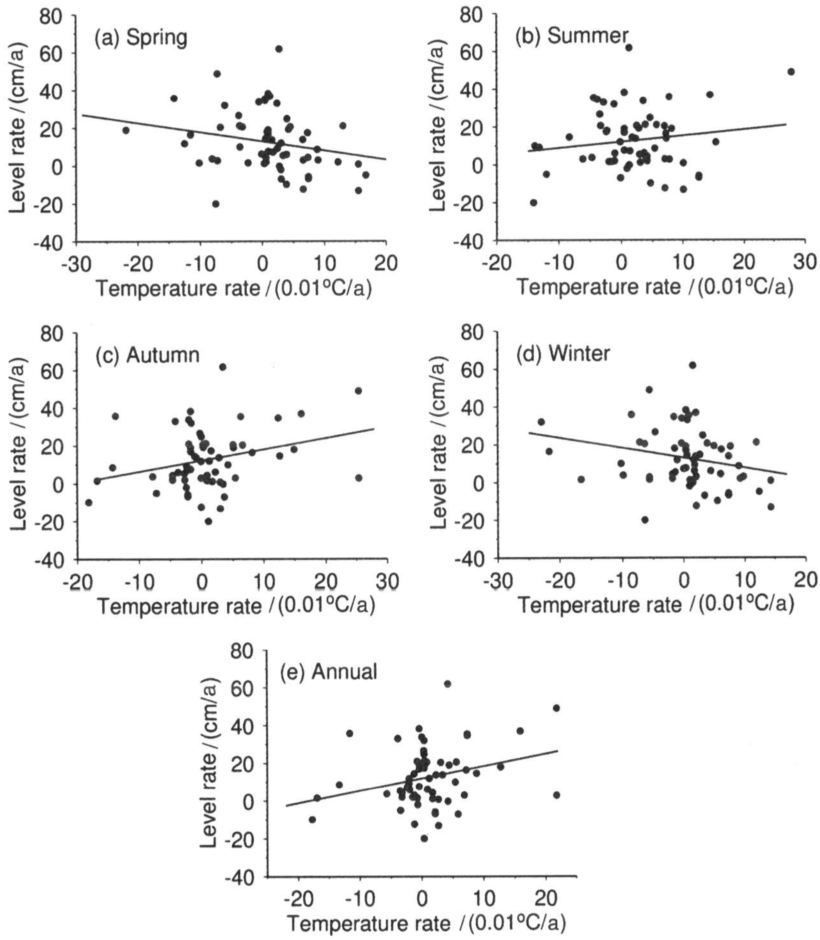

图 6.17　青藏高原湖泊水位与温度变化关系

图 6.17 统计了青藏高原湖泊水位变化与温度变化的季节性差异。从图中不难发现，湖泊水位变化与春季和冬季的温度呈负相关、与夏季与秋季的温度呈正相关。可能的原因是：夏季和秋季的温度上升加速了冰雪和冻土的融化，更多融水可以通过地表径流或地下水释放以补给湖泊；春、冬两季温度低于零度，温度上升不会造成冰雪融水的增加，反而会加速水分的蒸发，温度与水位变化相反。由于秋季的蒸发量和冰雪融水占全年变化量的最大比重，因而湖泊水位与温度年变化也呈现正相关，这表明冰雪融水对于湖泊水位变化有重要影响。然而，在降水主导整个区域水量变化的背景下，温度与水位变化的正向关系，尚不能说明冰雪和冻土的融水的补给超过蒸发的水分流失。

6.4 本章小结

湖泊水储量变化的影响因素众多，由于青藏高原地区的人为因素影较少，湖泊水储量变化能真实反映气候和环境的变化。本章从冰川和冻土分布、降水-蒸发、温度等方面讨论青藏高原湖泊水储量变化的影响因素。主要研究内容和结论如下：

（1）利用汇水系数和冰川系数定性分析了降水和冰川对湖泊水储量变化的影响，发现汇水系数和冰川系数均与湖泊呈正相关。统计发现不同时期冰川对湖泊补给的贡献有所差异，其中 2010—2017 年冰川补给湖泊的水储量增加速度高于非冰川湖泊，表明该时段冰川融水对湖泊水量的贡献增加。比较冻土区和非冻土区的湖泊水量变化，发现 2003—2009 年及 2010—2017 年两个时段冻土区的湖泊水量增加速度均显著高于非冻土区的湖泊增加速度。综合陆地水储量变化和湖泊水储量变化，发现冻土对湖泊水量变化有一定的调节作用。综上表明，由于 2012 年后净降水量减少，冰川和冻土对青藏高原湖泊的补给作用有所增加。

（2）降水-蒸发是影响几乎所有青藏高原地区湖泊水储量变化的主要因素，降水和蒸发对湖泊水量变化的贡献有所差异。比较降水和湖泊变化，发现湖泊水储量变化与降水变化的分布基本一致，表明多数地区降水为湖泊变化的主导因素，在少数地区蒸发量增加是湖泊水储量减少的主要原因（如西部的拉昂错和玛旁雍错）。由于湖泊变化的因素众多，以每个汇水区为单位统计湖泊变化与降水、蒸发的相关性较弱，在区域尺度上统计相关性分别提高到 0.91 和 0.49。提出利用净降水量模拟封闭湖泊水量变化的方法，通过纳木错、拉昂错、青海湖实验证明了该方法的可行性，并据此分析非降水-蒸发因素对湖泊水储量的影响。利用测高和遥感技术观察青藏高原北部大量湖泊出现的水位暴涨以及卓乃湖溃堤事件，结合气象资料分析表明突性降水可能是湖泊水量迅速增加的原因之一，湖泊水量的迅速增加增加了溃堤的风险，这表明利用测高技术实时监测该地区湖泊水位变化对于地质灾害的预警有重要指导作用。

（3）温度通过蒸发、冰雪融水等间接影响湖泊水量变化。利用气象站和模型数据均发现青藏高原总体为升温趋势，水位变化与温度变化呈正相关。不同季节有所差异，秋季的温度上升加速了冰雪和冻土的融化，冬季温度低于零度，温度上升不会造成冰雪融水的增加，反而会加速水分的蒸发。因此，水位变化与秋季温度变化呈正相关，与冬季温度呈负相关。

第 7 章
可可西里东北部流域湖泊溃堤研究

7.1 卓乃湖溃堤事件概述

可可西里地区位于青藏高原东北部，其被广为人知的是藏羚羊的栖息地和中国的自然生态保护区[213]。可可西里是青藏高原湖泊集中分布区之一，湖泊在可可西里无人区对保持脆弱的高原生态系统起着重要的作用[214]。湖泊不仅是该地区大气降水、冰雪融水和泉水的归宿地，还是保护区内野生动植物较为稳固的水分涵养地及无机盐营养元素的汲取地。此外，湖泊变化也可能对生态环境造成不良的影响，如湖泊萎缩可能导致湿地退化、草地沙化、生物量减少等生态环境恶化现象[215]，湖泊急剧扩张导致洪灾，则将严重影响当地居民的生产和生活[195]。

随着青藏高原暖湿化趋势加剧[216，217]，极端气候事件日益频发，发生自然灾害的风险也随之增高[183，218]。2011 年，可可西里东北部的卓乃湖出现溃堤，并导致下游 3 个湖泊水位上涨，使原本相对封闭的 4 个湖泊形成一个有水力联系的整体，极大地改变了湖区的水文环境，对区域生态环境造成了重大影响[219]。卓乃湖在溃堤后面积大幅减小，湖岸严重沙化，下游湖泊的水位暴涨，尤其是流域末端的盐湖水位仍持续上涨，存在较高的湖水外溢的可能性。盐湖水一旦外溢将流入长江源头的清水河，卓乃湖流域将成为长江的最北源，从而改变长江上游的水文环境，同时对盐湖下游的青藏铁路、青藏公路、管线和光缆等重要基础设施造成严重的损害[220]。

卓乃湖溃堤事件是首次被观测到的青藏高原地区大型湖泊溃决事件，对该事件的研究有助于人们认识溃堤后大面积地表水体的重新分配方式和后期变化规律[221]。当前对该流域的研究多为采用遥感影像分析溃湖过程的面积变化，如基于遥感影像对卓乃湖溃堤的过程及湖水外溢的原因进行了分析和探讨，多数研究认为年降水持续增加及多次极端降水是导致卓乃湖溃堤的主要原因[196，220，221]。此外，有学者针对湖泊溃堤对湖区环境产生的影响，研究发现卓乃湖岸线退缩造成了湖区周围草场的严重沙化[222]，盐湖水位快速上涨加速了周围永久冻土退化，冻土融水反向推动盐湖水位的上涨[223]。盐湖溃堤风险的评估同样是科学界关注的问题，基于气象观测数据和遥感影像初步探讨了盐湖外溢的可能性[224]；Liu 等结合模拟的盐湖外溢面积和盐湖扩张趋势进行分析预测，对盐湖存在的溃堤风险进行了简单预估[221]；Xie 等对比了盐湖与卓乃湖的地形和水平衡特征，分析了盐湖可能的溃决方式[222]。

上述研究分析卓乃湖溃堤过程的湖泊变化，探讨卓乃湖溃堤的原因及溃湖事件对流域内的湖泊和环境的影响，并取得了丰富的研究成果。然而，上述研究存在明显的不足之处，主要表现为单独使用遥感影像只能定性分析湖泊的面积变化，没有对湖泊水储量变化进行定量估算；卓乃湖溃堤之后，原本独立的 4 个湖泊形成了有水力连接的流域，从而改变了原有的湖泊水量平衡，多数研究未从整个流域出发探讨溃湖过程中 4 个湖泊的水量再平衡过程。为此，本研究联合 Cryosat-2 测高卫星数据和 Landsat 系列遥感影像，改进测高水位数据处理方案，获取更可靠的湖泊水位观测数据，通过测高和遥感数据的互相插值校正 DEM 模型高程偏差，用校正后 DEM 模型提取湖泊水位-面积曲线，并用于测高和遥感数据的互相插值，从而获得更完整且细节丰富的湖泊变化信息；本书进一步探讨联合多源数据的湖泊水储量估算方法，并分析了卓乃湖溃堤前后的卓乃湖流域湖泊水量平衡。

7.2　研究区域和研究数据介绍

7.2.1　可可西里东北部流域概况

本书的研究区域位于可可西里地区东北部，是青藏高原内流水系与长江水系的交界处。该区域的地理范围为 91.2° ~ 93.7°E，35.3° ~ 35.9°N，流域总面积为 8 560.5 km^2，平均海拔为 4 700 m 左右。该流域从高到低依次分布着卓乃湖、库赛湖、海丁诺尔和盐湖四个内流湖泊（图 7.1），从而形成 4 个相对独立的子流域，图 7.1（b）为 SRTM 生成的流域断面图。此外，流域内还分布有大量的冰川和永久性冻土。卓乃湖流域属于高寒草原半干旱气候、辐射强烈，年均气温 – 10 °C ~ – 4 °C，年降水量 100 ~ 150 mm。该流域内的湖泊为典型的高原内流湖泊，湖泊水源补给主要是降水以及周边冰川和冻土融化。

1. 卓乃湖

卓乃湖地处可可西里腹地，湖周围是藏羚羊每年集中产仔最重要的场所（图 7.1）。卓乃湖是研究区域中最上游的湖泊，平均海拔为 4 750 m，湖泊面积为 250 km^2，流域面积为 1 600 km^2。湖盆受区域构造控制西宽东窄，呈东西走向的梨形。湖泊主要的水量来源为降水和冰川与冻土消融。

2. 库赛湖

库赛湖是卓乃湖下游的湖泊，与卓乃湖之间由一条时令河（库赛河）连接，平均高程为 4 500 m，湖泊面积为 254.4 km^2，流域面积为 3 700 km^2。湖泊的水量供给为库赛湖，此外还有降水以及周边的冰川融水组成。

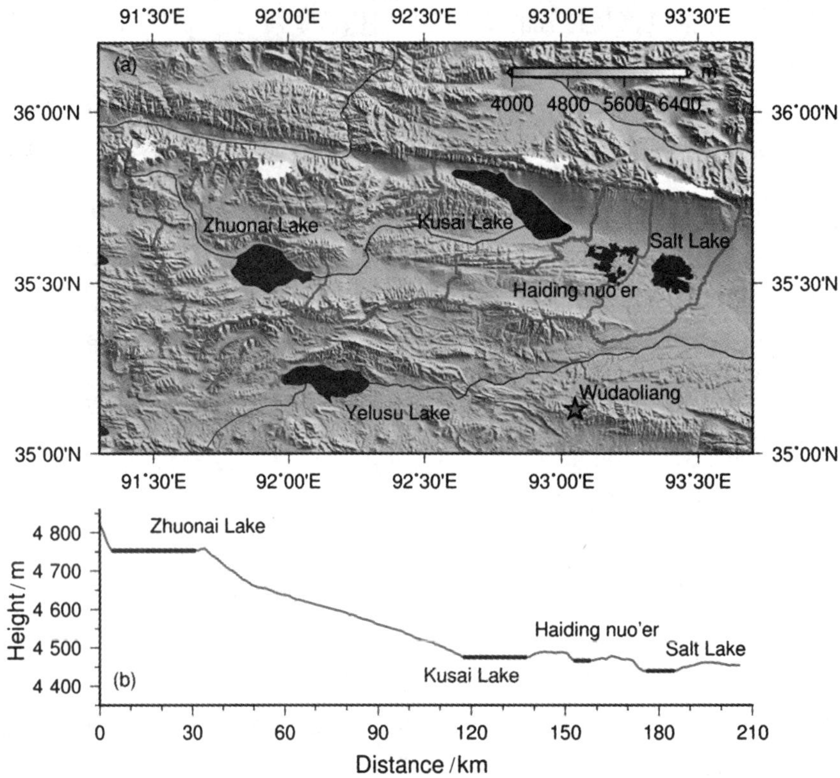

图 7.1 可可西里东北部流域地理概况

3. 海丁诺尔

海丁诺尔是库赛湖与盐湖之间的湖泊，水位 4 470 m，面积 35.7 km^2，流域面积为 1 600 km^2。海丁诺尔是卓乃湖系列湖泊中面积最小的湖泊，是由数量众多的小型水域组成的湖泊群，过去讨论该流域湖泊变化的文章常常忽略该湖泊的影响。

4. 盐 湖

盐湖是卓乃湖流域末端的湖泊，水位为 4 430 m，面积 45.6 km^2，流域面积为 1 600 km^2。盐湖是西藏重要的食用盐产地，湖水高度盐碱化。盐湖与长江流域上游的清水河子流域接壤，溃湖后盐湖成为整个流域的尾闾湖，水位快速上涨。如果盐湖出现溃堤将流入清水河，从而改变长江上游的水质，并且对下游的青藏铁路、公路和光缆等重要基础设施造成重大的影响。

7.2.2 可可西里东北部流域湖泊研究数据

1. Cryosat-2 卫星数据

Cryosat-2 卫星于 2010 年开始运行，主要用于监测海冰和陆地冰盖变化。Cryosat-2

卫星提供 3 种不同的观测模式，分别是 LRM （Low Resolution Model）、SAR （Synthetic Aperture Radar）Model 以及 SARIn 模式[225]。本研究中使用的 Cryosat-2 数据从网站下载，网址为 ftp://science-pds.cryosat.esa.int。该网站中提供了十多种不同的测高产品，本研究选取了其中的 SARIn 模式 level-2 产品，该数据中的“height_1_20 ku”参数是通过 UCL margins retracker 处理过的高采样率测高数据，因而无需进行额外的重跟踪改正[226]。此外，Cryosat-2 的轨道重复周期为 369 d，地面轨迹更加密集，在本研究区域（约 N35°）的地面轨迹间距仅为 6.2 km，可以有效覆盖更大量的湖泊，为分析卓乃湖流域内临近的 4 个湖泊的相对水位变化提供了可能[27, 28]。

2. Landsat 遥感影像

本研究采用 Landsat 系列卫星遥感影像提取湖泊面积，影像数据来自美国地质调查局（网址：http：//earthexplorer.usgs.gov/），时间跨度为 2009—2020 年，包括 landsat-5_TM_L2、Lansat-7_ETM+_L2 和 lansat-8_OLI/TIRS_L2 三种影像数据，影像重复的周期均为 16 d，影像的分辨率为 30 m（如表 7.1 所示）。Path137\Row035 和 Path138\Row035 两景影像可有效覆盖本书所研究的卓乃湖流域，因此本书初步拟定每月选取上述两景影像作为研究数据。然而，由于云层会影响遥感影像对星下地物的识别与分类，过滤云层覆盖占比超过 15%的遥感影像后，实际可用影像的比例仅为 40 %左右，从而大幅降低了遥感影像的时间分辨率，实际可用遥感影像数量为 85 幅。

表 7.1　Landsat 系列遥感影像基本信息

卫　星	传感器	影像覆盖时间	影像数量
Landsat 5	MSS、TM	2010—2011	4
Landsat 7	ETM+	2009—2015	66
Landsat 8	OLI、TIRS	2014—2020	15

3. 其他研究数据

采用高分辨率的数字地形模型来获取湖盆的地形，其中通过 2000 年 2 月完成的 30 m 分辨率的 SRTM 模型 （https：//srtm.csi.cgiar.org/srtmdata/）提取库赛湖、海丁诺尔和盐湖的地形，高程精度为 16 m。通过 2015 年 1 月完成数据采集的 TanDEM-X 模型提取溃湖后卓乃湖的地形数据，高程精度优于 1 m（web/dataguide/tdm90/）。同时，本书还基于 SRTM 模型通过 ArcGIS 软件提取了研究区域内 4 个湖泊的流域边界（图 7.1）。

此外，本书还通过 AVISO 发布的 Jason-2 测高数据来评估 Cryosat-2 卫星 Level-2 产品的数据偏差（ftp-access.aviso.altimetry.fr）。研究区域附近的五道梁气象站的实测降水和蒸发数据来自中国气象数据网（http://data.cma.cn/）。

7.3 湖泊水位及水储量估算方法

7.3.1 卫星测高水位提取算法

利用卫星测高技术获取湖泊水位变化，首先找出落于湖泊范围内的测高轨迹点。本研究选取了遥感影像提取每月的湖泊边界，用时间相近的湖泊边界数据准确识别湖泊上的测高数据，从而在保证测高数据质量的同时，又提高了可用测高数据的数量。由于测高数据在内陆湖泊水位监测中的突出问题为粗差观测值较多，需进行细致的粗差剔除工作。为此，本研究还针对内陆湖泊特点，制定了基于数理统计方法逐次剔除粗差的湖泊水位处理方案，具体数据处理流程如图 7.2 所示。

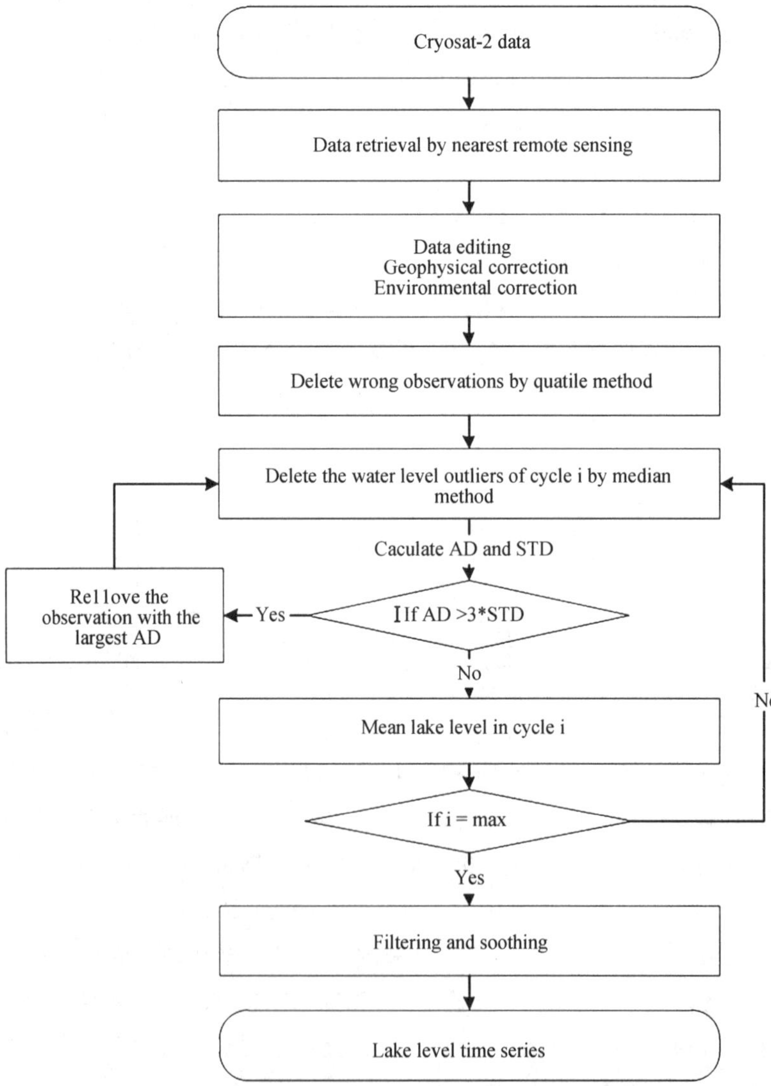

图 7.2 湖泊水位变化时间序列处理流程

（1）利用时间最接近的遥感影像提取的湖泊边界准确识别落于湖面的测高轨迹点。

（2）对湖面测高数据进行预处理，制定合理的数据编辑准则排除错误观测数据，通过测高产品自带参数进行地球物理改正和环境改正。

（3）利用四分位数据提取湖泊水位最集中的区域，剔除整个时间序列中高程差异巨大的离群值。

（4）利用中位数法剔除第 1 周期的水位异常数据，计算该周期测高水位的绝对偏差（AD）和标准差（STD），以 AD>3STD 为准则，剔除偏差最大的观测值；重复该步骤，直至所有水位值的绝对偏差小于 3 倍标准差；进而计算第 1 周期的平均水位值。

（5）重复上述步骤，直至计算出所有周期的平均水位数据。

（6）使用滤波算法平滑处理得到最终的湖泊水位时间序列。

7.3.2　遥感影像湖泊边界提取

在水体信息提取方面，利用比值法改良得到水体指数来区分陆地和水体。本书采用的方法为广泛使用的归一化差异水体指数法（NDWI），其原理是用遥感影像的特定波段进行归一化差值处理，以提取出影像中的水体信息[66]，计算公式为：

$$\mathrm{NDWI}=\frac{\mathrm{NIR}-\mathrm{G}}{\mathrm{NIR}+\mathrm{G}} \tag{7.1}$$

式中：G 为绿色波段；NIR 为近红外波段。该指数能够削弱混合像元因素的影响，选取 0 为阈值下限，可准确地区分出水体和陆地的边界，甚至可以提取出狭窄的河流；同时选取 0.05 为阈值上限，可以消除山体阴影带来的影响。

Landsat 7 卫星的机载扫描行校正器（SLC） 在 2003 年以后出现故障，导致此后获取的 ETM 遥感影像出现了数据条带丢失，严重影响了水体边界的提取。本书通过插值方法修补缺失的条带，在基于遥感影像的红外和绿波段（表 7.1），用 NDWI 方法自动识别水体边界，并在 ARCGIS 中通过人工目视解译对结果进行编辑修正。

7.3.3　湖泊水储量定量估算方法

过去对内陆湖泊的研究多集中于通过遥感和测高分析湖泊面积或水位变化[44, 83]，测高和遥感卫星已经累积了长时间的观测数据，联合两种卫星数据为实现湖泊水储量变化的定量研究提供了可能[48, 227]。当前，湖泊水储量估算方法主要卫星测高数据加遥感影像以及 DEM 模型等两种常用方法[184]。

1. 测高数据+遥感影像

在湖沼学研究中，通常利用平截头体（截取尖锥的圆锥体）来模拟湖水储量，计算公式如下[228]：

$$\Delta V=(L_1-L_0)\cdot\frac{(A_1+A_0+\sqrt{A_1\cdot A_0})}{3} \tag{7.2}$$

式中：L_0 和 A_0 分别为 t_0 时刻湖泊的水位和面积；L_1 和 A_1 分别为 t_1 时刻湖泊的水位和面积；ΔV 是从 t_0 到 t_1 时刻的水储量变化。假设水储量初始值为零，各时间间隔水储量变化值累加得到研究时段的相对水储量变化。湖泊水位和面积数据分别由测高卫星和遥感卫星提供，由于两类卫星的运行时间和轨道重复周期均有差异，数据采样时间无法对应，需进行插值处理才可用于计算湖泊水量变化。

2. DEM 模型法

DEM 地形数据可计算湖泊水位-面积曲线，进而建立水储量与水位或面积的函数模型。SRTM 是广泛使用的 DEM，公开报告的高程精度为 16 m，然而，SRTM 数据的绝对高度误差在全球范围内从 5.6 m 到 9.0 m 不等，亚洲的误差为 6.2 m[229]，因此 SRTM 数据实际性能远好于预期结果。Yang 等利用 SRTM 模型计算 5 个不同大小的湖泊水储量变化，结果显示该方法的平均误差为 4.98%，说明使用 SRTM 来估计湖水储存变化的方法是可靠的[230]。

首先，利用 ArcGIS 软件分析单个湖盆周围的 SRTM 模型，提取湖盆范围内等高线的最低数值，应为 DEM 模型数据采集时的水位，并计算对应等高线范围内的面积，作为湖泊水位和面积的基准数据。

然后，以+1 m 的步长依次提取对应高程的等高线的面积，直到水位超过湖盆的溢出水位，从而模拟出湖泊最大淹水面积。

最后，基于 DEM 模型提取的高程和面积数据，选取函数模型拟合湖泊水位-面积曲线，对水位进行积分来计算湖泊水量变化。

上述两种方法均可获取湖泊的相对水量变化，然而两种方法均存在明显的问题。例如由于测高和遥感观测值不免存在误差，可能会出现测高观测湖泊水位上升、遥感观测面积反而下降等矛盾现象，据此可能会得出完全相反的水量变化数据。此外，由于 SRTM 模型和测高卫星的参考椭球差异，会出现测高观测水位和 SRTM 模型高程数据出现系统偏差。为解决上述问题，本书提出利用联合卫星测高、遥感影像和 SRTM 的组合方法，为封闭流域湖泊水储量定量研究提供参考，具体做法如图 7.3 所示：

第一，利用 Landsat 影像和 Cryosat-2 数据分别获取湖泊面积和水位时间序列，通过 SRTM 建立湖泊水位-面积关系曲线。

第二，鉴于湖泊水位和面积在较短时间内变化幅度较小的特点，选取 5 天内同时具备测高和遥感影像的湖泊水位与面积值作为控制点，用于校正水位-面积关系曲线的系统偏差。

第三，利用校正后的湖泊水位-面积曲线对测高和遥感观测数据进行数据互相插值，从而获取更丰富的湖泊变化信息。

第四，通过公式（7.2）计算相邻时间的相对水储量变化，累加后得到湖泊水储量变化时间序列。

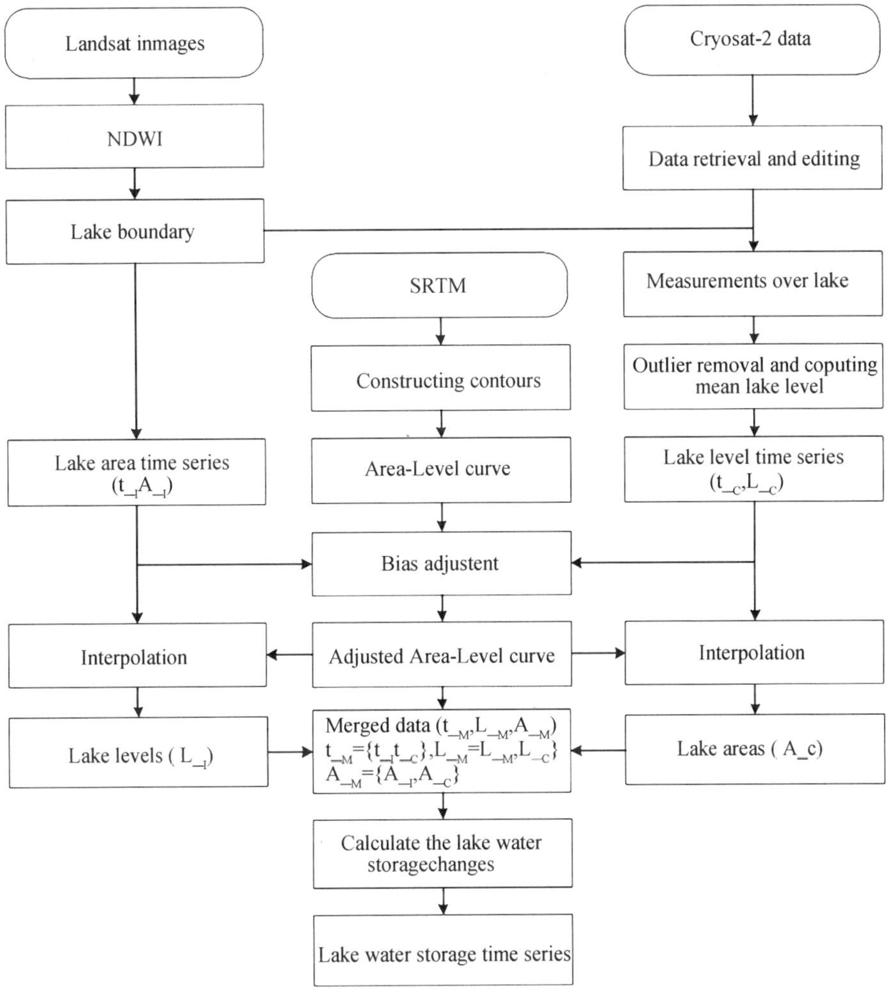

图 7.3　联合测高和遥感数据的湖泊水储量计算流程

7.4　可可西里东北部流域湖泊水储量变化

7.4.1　湖泊水位时间序列

本书采用的 Cryosat-2 卫星 level-2 数据已经进行了重跟踪改正，该版本的数据在生成过程中使用了错误窗口延迟参数，导致其获取的水位数据与其他测高卫星获取数据之间存在几十米的系统偏差，Mao 等利用纳木错的水文站实测数据分析得该数据偏差为 59.553 m[231]。研究区域中库赛湖的湖面上空有 Jason-2 和 Cryosat-2 两种测高卫星的轨迹经过，其中 Jason-2 是 Topex/Poseidon 系列测高卫星的后续观测卫星，已经被广泛用于内陆湖泊水位变化监[232, 233]。其中，Jason-2 获取的青藏高原扎日南木错水位与水文站数据对比验证的精度可达 20 cm[234]。因此，本书利用 Jason-2 水位观测数据来校正 Cryosat-2 的数据偏差。图 7. 4（a）为未校正的水位时间序列，可看出两种卫星获取的水位存在显著的差异，利用同时段的 Jason-2 水位观测值插值处理后与 Cryosat-2 获取湖泊水位进行比较，计算出两者的平均偏差为 59.793 m，与 Mao 等分析的数据偏差较为接近[231]。校正数据偏差后得到两种卫星观测的水位如图 7.4（b）所示，校正后两者的均方根误差为 0.263 m。

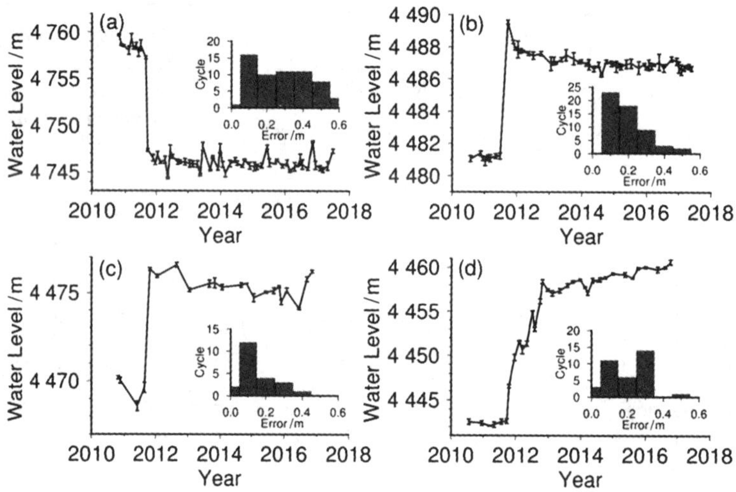

图 7.4 可可西里东北部流域湖泊水位时间序列

图 7.4 为 Cryosat-2 卫星获取的 2010—2016 年卓乃湖流域的湖泊水位变化，可以明显看出 2011 年 4 个湖泊在段时间内均发生显著的水位变化。其中，卓乃湖的水位急剧下降，库赛湖、海丁诺尔和盐湖水位急剧上涨。卓乃湖和库赛湖水位变化幅度远高于其他湖泊，湖泊水位涨跌幅度分别达到了 – 9.9 m 和 8.3 m。Hwang 等利用测高技术观测到相同的现象，然而 Hwang 获取的湖泊水位时间序列的时间分辨率过低，每年仅有 2 ~ 3 个数据，并且忽略了海丁诺尔的水位变化信息[235]。

本书利用时间分辨率更高的 Jason-2 数据对 Cryosat-2 观测数据进行精度验证，两者观测的库赛湖水位较差的均方根误差为 0.263 m。通过比较测高和遥感分别获取的湖泊的水位和面积变化时间序列，两者具有较高的相关性，将测高水位带入水位-面积关系计算的湖泊面积和遥感获取的湖泊面积的平均相对中误差为 1.75%，从而验证了两种手段获取信息的一致性。通过传统大地测量技术对盐湖水位进行了 13 次不定期的观测[212]，将该实测数据与本书的 Cryosat-2 观测的 2016—2018 年盐湖水位变化进行比较[图 7.5（a）]，两者的拟合优度为 0.986，标准差为 0.319 m（图 7.5）。上述对比分析表明本书利用遥感和测高技术均有效观测了卓乃湖溃堤过程中湖泊变化信息。

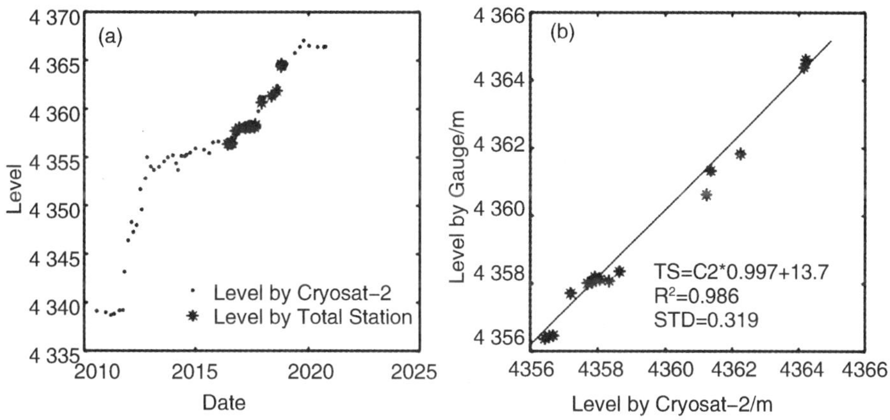

（a）Cryosat-2 和全站仪获得的盐湖水位数据　（b）上面两种数据的相关性分析

图 7.5　2010 年至 2020 年的盐湖水位时间序列

粗差剔除是内陆湖泊水位处理的关键步骤，通常做法是以 3 倍中误差为准则剔除粗差后计算平均水位，本书提出了逐次剔除粗差的水位处理方案。图 7.4 进一步统计了方法 2 和方法 3 的水位均方根误差直方图，利用 3 倍中误差剔除粗差后的误差区间为 0 ~ 2 m，而逐次剔除粗差算法的误差区间为 0 ~ 0.8 m，且多数位于 0 ~ 0.2 m 区间。上述表明本书提出的方法可有效剔除粗差，大幅提高水位观测精度。然而，需要指出的是逐次剔除粗差不可避免会减少有效观测数据，表 7.2 中 4 个湖泊利用本书方法处理的水位数据点有不同程度的减少，对于面积较小的湖泊可能会一定程度降低测高观测数据的时间分辨率。

7.4.2　湖泊面积时间序列

图 7.6 为利用 Landsat 系列遥感影像提取的 2009—2014 年的卓乃湖流域内 4 个湖泊的面积时间序列，依次包含 25、43、25 和 25 期数据。图中显示了与 Cryosat-2 卫星获取了相似的湖泊异常变化，此外与刘文惠等人获得的湖泊面积变化也基本一致[236, 237]。根据图 7.6 中的面积时间序列可更清楚地看出卓乃湖溃堤之前流域内的湖泊均为扩张趋势，面积变化速率分别为（3.68 ± 1.0）km^2/a、（7.76 ± 1.20）km^2/a、（3.02 ± 1.18）km^2/a 和（3.73 ± 1.27）km^2/a。2011 年 9 月份，卓乃湖在溃堤前面积达到最大值（272.36 km^2），随后面积大幅降低至 205.03 km^2，下游库赛湖、海丁诺尔和盐湖的湖泊面积则持续扩张。从 2012 年起，卓乃湖、库赛湖和盐湖面积持续萎缩，缩小的速率分别为（ − 2.88 ± 2.67）km^2/a、（ − 6.43 ± 1.88）km^2/a 和（ − 1.87 ± 2.21）km^2/a，流域末端的盐湖面积则快速扩张，速度达到惊人的（21.81 ± 8.9）km^2/a。

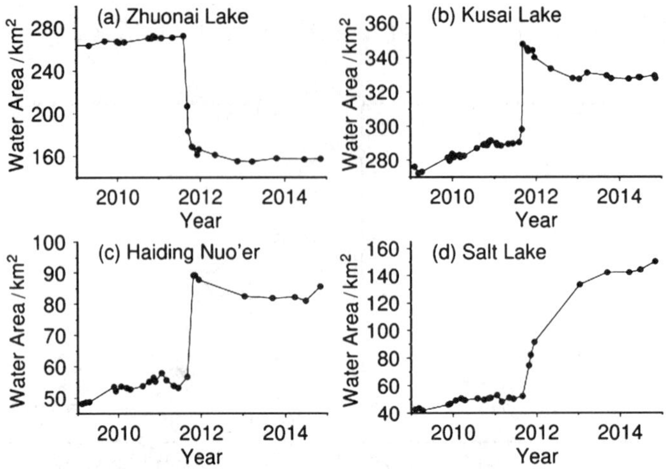

图 7.6 卓乃湖等湖泊面积时间序列图

通过比较图 7.4 和图 7.6，可初步认为测高和遥感卫星均观测到湖泊溃堤现象。本书进一步将 Cryosat-2 和 Lansat 观测数据插值处理后，拟合出 4 个湖泊的水位和面积的函数模型，结果显示最低的拟合优度为 0.946（库赛湖）。将测高数据带入函数模型计算的湖泊面积和遥感直接获取的湖泊面积的 RMSE 分别为 4.95 km^2、4.59 km^2、1.45 km^2 和 3.72 km^2，相对中误差分别为 1.8%、1.3%、1.6%和 2.3%，从而验证了两种卫星数据独立观测结果的高度一致性。

7.5 卓乃湖流域湖泊水储量变化

本书利用 2000 年 2 月完成的 SRTM 模拟库赛湖、海丁诺尔和盐湖的湖泊水位与淹水面积的关系。上文提及卓乃湖于 2011 年溃堤后水位下降了 9.9 m，并处于不断下降中，SRTM 中未包含溃湖后露出的地形数据。因此，本书选用 2015 年 9 月采集的 TanDEM-X 模拟卓乃湖的水位-淹水面积关系。分别利用上述两种 DEM 建立各湖泊的水位-面积关系曲线，计算遥感观测湖泊面积和 DEM 模拟淹水面积相同时的测高水位和 DEM 高程差异，从而消除两种 DEM 模型与测高观测值的高程偏差，经计算 4 个湖区内的 DEM 高程和测高水位的平均偏差分别为 1.67 m、－0.18 m、－1.24 m 和 0.49 m。图 7.7 中红色点为以相邻 5 天为原则挑选的测高观测的水位和遥感观测的面积数据，黑色线为校正高程偏差后的湖泊水位-面积关系曲线。

基于上述湖泊水位-面积关系曲线，可对测高观测和遥感观测数据进行数据互相插值。图 7.8 为数据互插后的 4 个湖泊的水位和面积时间序列，图中蓝色点为测高或遥感观测的数据，红色点为用测高观测值插值的湖泊面积或用遥感观测值插值的湖泊水位。经过插值处理后水位和面积时间序列的时间范围扩大，时间分辨率也有相应的提高，可获取更丰富的湖泊变化细节信息。

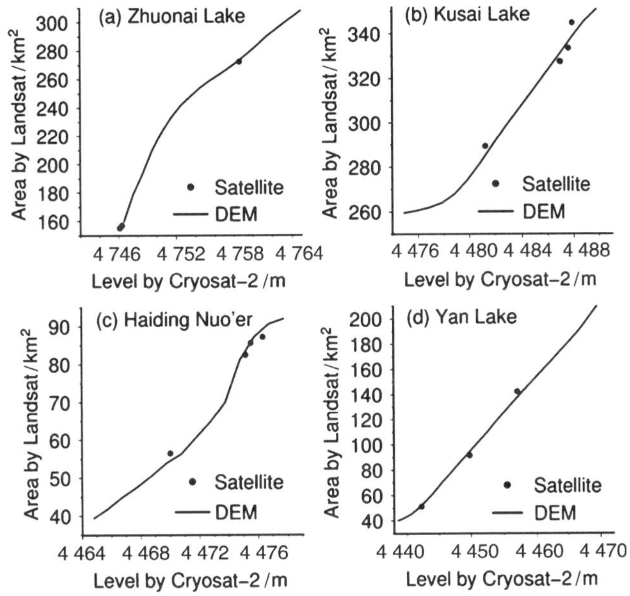

图 7.7　利用测高和遥感数据校正的 DEM 湖泊水位-面积关系曲线

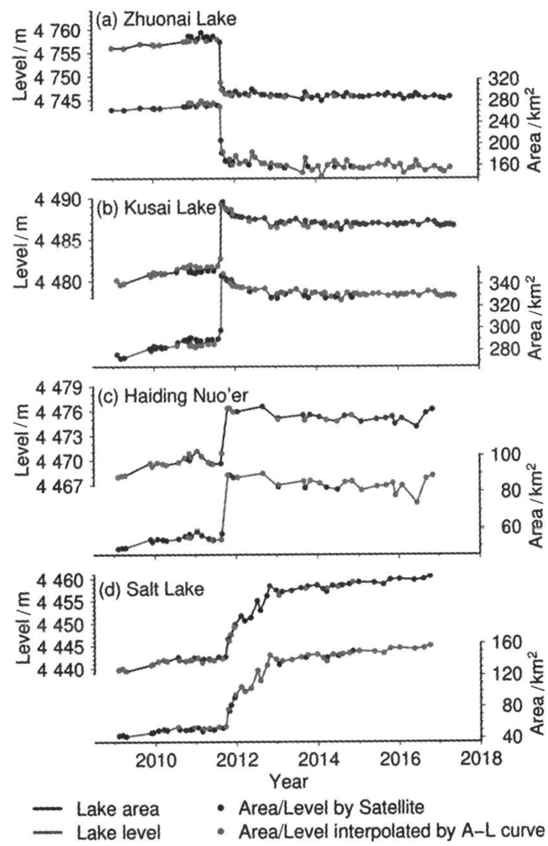

图 7.8　利用 DEM 模型实现湖泊水位-面积互相插值

在上述水位和面积数据插值的基础上，对湖泊水位和面积数据插值成每月一期的时间序列计算的每月的湖泊水储量变化，并累加得到 2009—2016 年的湖泊水储量变化时间序列（如图 7.9 所示）。其中，图 7.9（a）~（e）为 4 个湖泊逐月水储量变化及流域逐月的水储量变化，图 7.9（f）~（j）为对应的湖泊水储量变化时间序列。从每月水储量变化从可看出 2011 年 9 月份卓乃湖湖水大量流失，相同月份库赛湖水增加明显，其余月份的水量变化相对较小；海丁诺尔水储量在 2011 年 9 月和 10 月水量快速增加，其余月份水量变化不明显。2011 年 10 月盐湖水量开始快速增加，并且持续到 2012 年多个月份的水量增加明显。整个流域的逐月湖泊水储量变化有增有减，水量增加的幅度高于减少的幅度，因而 2009—2016 年卓乃湖流域的总体湖泊水储量变化呈现持续上涨的趋势[图 7.9（j）]。

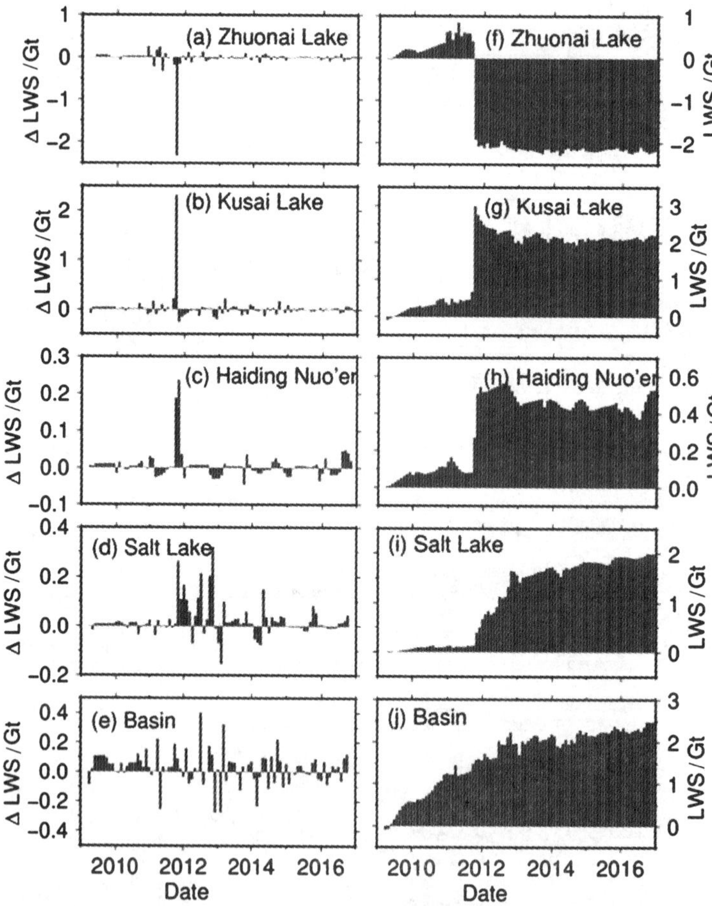

图 7.9　2009—2016 年卓乃湖流域湖泊水储量变化

在卓乃湖流域发生湖泊连续溃堤之前，4 个湖泊形成相对独立的封闭流域，没有看出明显的湖泊水量交换。如上文所述，在青藏高原暖湿化气候背景下，降水、蒸发和冰雪消融共同作用下，溃湖前卓乃湖流域内各湖泊的每月水储量变化多为正成长[图 7.9（a）~（d）]，各个湖泊的水储量变化时间序列为上涨趋势[图 7.9（f）~（i）]。卓乃湖溃堤以前，研究区域的湖泊水储量快速增加，2009 年 1 月—2011 年 9 月累计增加了 1.49 Gt，占 2009 年 1 月—2016 年 12 月湖泊水量增加总量的 60%左右。

Hwang 等通过 Cryosat-2 和两幅遥感影像估算了卓乃湖流域湖泊水储量变化[232]，研究指出 2011 年卓乃湖、库赛湖和盐湖的湖泊水储量变化分别为 –2.528 7 Gt、1.823 3 Gt 和 1.260 5 Gt。本研究选用了尽可能多的测高和遥感数据，并采用了更细致的测高数据处理和水位-面积互插方法，从而获取了更加丰富的湖泊变化信息。从图 7.9（a）~（d）中可清楚发现湖泊溃堤过程中各湖泊每月水量的显著变化，然而将各湖泊水量变化累加后得到的整个流域湖泊水量变化则相对平缓[图 7.9（j）]。表 7.2 列举了 2011 年 8 月—12 月中每个月的湖泊水量变化。从表中可看出，湖泊未溃堤的 8 月份卓乃湖和库赛湖分别有小幅水量交换，9 月份发生湖泊溃堤后，卓乃湖和库赛湖的水量变化达到了惊人的 –2.322 Gt 和 2.316 Gt，海丁诺尔水量增加了 0.188 Gt，盐湖水储量没有明显变化。10 月份后卓乃湖、库赛湖水量持续减少，海丁诺尔水量持续增加，盐湖水量开始快速增加。11 月和 12 月，库赛湖水储量持续增加，盐湖水量持续减少，卓乃湖和盐湖的变化幅度较小。由于未考虑海丁诺尔的水储量变化，Hwang 等的研究未达到整个流域的水储量平衡[232]。从表 7.2 中还可看出，本书计算每个月的流域整体湖泊水储量变化趋近于 0，从而验证了流域内湖泊基本达到水量平衡。其中，在 9 月份流域整体湖泊水量变化较高，可能的原因为上文提及的多次突发性降水。

表 7.2　2011 年代湖泊突出事件期间卓乃湖流域湖泊蓄水量变化　　单位：Gt

Lake	August	September	October	November	December
Zhuonai Lake	–0.181	–2.322	–0.157	0.022	–0.067
Kusai Lake	0.217	2.316	–0.252	–0.147	–0.107
Haiding Nuo'er	0.002	0.188	0.237	0.037	–0.028
Salt Lake	–0.006	0.009	0.263	0.109	0.167
Sum	0.032	0.191	0.091	0.021	–0.035

卓乃湖流域的连续溃堤，将原本相对独立的 4 个湖泊形成一个有水力联系的流域，从表 7.2 中可看出上述湖泊存在明显的水量交换。Lu 等指出卓乃湖溃堤后，加速了湖区的冻土消融，外泄的湖水冲刷形成明显的河道，由于湖泊出水口存在侵蚀扩大，湖水不断流失[220]。因此，在溃湖事件发生后，各个湖泊的水量变化趋势也发生了巨大的变化，其中卓乃湖、库赛湖和盐湖的湖水持续流失，盐湖水量快速增加，而整个流域的湖泊水储量表现为缓慢增加，2011 年 9 月—2016 年 12 月仅增加了约 1 Gt。

7.6 本章小结

本章选取卓乃湖流域为研究区域，联合 Cryosat-2 和 landsat 遥感影像该流域的湖泊变化，并分析溃湖前后的湖泊水量平衡。首先，本书提出了基于多次粗差剔除的测高数据处理方案，通过实验证明了该方法在可有效剔除粗差观测值、改善测高数据质量，利用 Jason-2 和实测水位数据验证该方法处理的水位精度达到分米级，从而证明了本书提出的方法可有效提高水位观测精度。其次，本研究提出利用联合测高、遥感和 DEM 的湖泊水量估算方法，该方法实现了测高获取水位数据和遥感获取面积数据的互相插值，从而获得了长期且更高时间分辨率的湖泊水储量时间序列，为发现更详细的湖泊变化信息提供了数据基础。然后，本研究联合气象和遥感数据分析了卓乃湖溃湖的原因，研究发现：在青藏高原暖湿化的背景下，卓乃湖流域的降水、蒸发、冰川消融等因素共同作用下，流域内湖泊水位持续上涨，卓乃湖达到接近溢出的水位，2011 年 8 月和 9 月的多次突发性降水直接导致了卓乃湖的溃堤。最后，基于湖泊水储量时间序列，本研究发现湖泊连续溃堤将 4 个湖泊连成一个新的流域，各湖泊在发生溃湖的时间内发生了明显的湖泊水量交换，在溃湖后流域内的湖泊水量变化趋势发生巨大变化，并形成了新的湖泊水量平衡。

本书通过联合多源卫星数据获取高时间分辨率的湖泊水量变化，揭示了卓乃湖溃堤过程中各湖泊的水量交换和整个流域的湖泊水量平衡，对于认识大型地表水体溃堤后水量重新分配方式和水量变化规律具有一定的借鉴意义。本书进一步针对盐湖水量变化进行持续监测，为防灾减灾工作提供科学依据，具有重要的工程实用价值。本研究的不足之处是由于缺乏研究区域中的冰川、冻土和地下水等实测资料，无法建立精准的流域湖泊水量平衡，因而无法准确量化湖泊水量变化中各影响因素的贡献。

第 8 章
结论与展望

8.1　本书主要工作与结论

本书的研究核心是利用多源卫星数据计算青藏高原湖泊水储量变化，主要内容包括水陆交界区波形重跟踪算法研究，内陆水域的多源测高数据融合和测高数据自动化处理方法研究，利用测高和遥感数据计算湖泊水储量变化研究，结合 GRACE 观测数据进行湖泊水量平衡分析，以及青藏高原湖泊的气候变化响应研究等。本书的主要研究内容和成果如下：

（1）介绍了波形重跟踪原理及几种经典重跟踪技术，讨论了水陆交界处“陆地污染”对测高波形的影响，以及利用传统重跟踪方法改正该区域水面高程的不足。针对水陆交界处的水面高程改正问题，提出一种新的波形净化技术，消除测高波形中“陆地污染”导致的异常峰值，并结合阈值法对净化后的波形进行重跟踪改正。利用大地水准面和验潮站观测数据比较本书提出的方法与现有的重跟踪算法和成熟的近海测高产品的表现，结果显示该方法在数据利用率和精度方面均优于其他算法。

（2）考虑到多数内陆水域面积较小的特点，进一步改进了波形净化方法，利用滤波后的波形作为参考波形，用于消除波形中的异常峰值。该方法实现了参考波形的动态选取，同时避免了由于参考波形与实际波形差异较大导致的波形过度校正问题。利用青藏高原湖泊实测水位数据作为检核资料，分析该方法的精度表现，结果显示 4 个研究区域的平均精度为 15.8 cm，其中水域较窄的扎日南木错和羊卓雍错的精度提高更为显著，这表明该方法对于提高内陆湖泊的测高精度的可行性和有效性。

（3）讨论了内陆湖泊的多源测高数据融合问题。经过时间基准和椭球基准统一后，利用平差方法消除不同卫星的系统偏差，并以多种测高轨迹经过的湖泊为例验证了该方法的可行性。通过与该领域现有的研究成果比较，本书利用多源测高数据实现了更广泛的青藏高原湖泊覆盖，以及更完整的湖泊水位时间序列，对于后续的湖泊水储量估计有积极意义。研究了测高数据自动化处理方案，实现青藏高原湖泊的测高数据批量提取，以及自动生成湖泊水位时间序列，大幅提高了大范围湖泊水位信息提取的计算效率。

（4）利用多种测高卫星观测青藏高原湖泊水位变化，并与已知的研究成果取得一致的观测结果。根据卫星测高数据分析表明，1992—2017 年青藏高原湖泊整体为上涨趋势，平均水位上涨速率为 17.2 cm/a。青藏高原地区的湖泊水位变化呈现显著的时空特征：在空间尺度上，湖泊的水位变化呈现明显的区域特征，其中北部多为上升趋势，南部多为下降趋势；在时间尺度上，观测到 1997 年和 2012 年湖泊水位分别为由降转升和由升转降的逆转。

（5）利用遥感数据分析青藏高原湖泊面积变化，并与卫星测高观测水位变化信息比较，两者表现出高度的一致性。讨论了联合测高与遥感观测数据估计湖泊水储量变化的方法，计算结果显示：1992—2015 年期间，青藏高原整体水储量变化为 5.87 Gt/a，其中色林错的水储量增加最快（1.22 Gt/a），约占总体增加量的 21%，水储量减少最快的为羊卓雍错（－0.11 Gt/a）。

（6）利用 GRACE 数据计算青藏高原陆地水储量变化，结果显示陆地水储量变化与湖泊水储量变化的区域分布较为一致。在陆地水储量时间序列上，能明显观察到内流区和黄河流域出现由升转降的逆转，变化的时间点为 2012 年，与测高观测的湖水位变化一致。比较湖泊水储量变化与陆地水储量变化，结果显示：青藏高原内流区的湖泊水储量变化占区域整体水储量变化的最大比重，并且该地区湖泊水储量变化的主要影响因素为净降水量的变化。

（7）利用汇水系数和冰川系数对降水、冰川和冻土分布与湖泊水量变化关系进行定性分析。结果显示在不同时段，冻土区的湖泊水位上涨速率远高于非冻土区的湖泊；在 2010—2017 年，冰川补给湖泊的水位上涨速率高于非冰川湖泊；这表明 2012 年降水急剧减少后，冻土和冰川补给的贡献有所提高，使得湖泊水位下降速度不至过快。提出利用净降水数据模拟封闭湖泊的水储量变化的方法，并分离出湖泊水储量变化中非降水-蒸发因素的影响。利用测高和遥感技术观察青藏高原北部大量湖泊出现的水位暴涨以及卓乃湖溃堤事件，表明利用测高技术实时监测该地区湖泊水位变化对于地质灾害的预警有重要指导作用。分析了温度变化与湖泊水位变化的关系，发现不同季节湖泊水位对温度变化的响应有差异；秋季的温度上升加速了冰雪和冻土的融化，冬季的温度上升不会造成冰雪融水的增加，反而会加速水分的蒸发。因此，水位变化与秋季温度变化呈正相关，与冬季温度呈负相关。

（8）可可西里东北部流域的卓乃湖出现罕见的湖泊溃堤现象，是首次被卫星技术观测到的青藏高原大型湖泊溃堤事件。本书利用 Crysoat-2 和 Landsat 遥感影像，分析了卓乃湖溃堤事件中流域内 4 个湖泊水位、面积和水储量变化。通过与 Jason-2 数据和实测水位数据的比较，在库赛湖和盐湖水位观测值的标准差分别为 0.263 m 和 0.319 m。本书提出了联合多源数据的湖泊水储量估算方法，实现测高观测的水位数据和遥感观测的面积数据的互相插值，从而获取了 2009—2016 年卓乃湖流域内各湖泊的每月湖泊水量时间序列。基于高时间分辨率时间序列发现卓乃湖溃堤导致了下游湖泊的连续溃堤，还简要分析了卓乃湖溃堤的原因以及卓乃湖溃堤前后整个湖泊的水储量平衡。

8.2　未来工作展望

利用卫星技术监测青藏高原湖泊变化是当前的研究热点问题，国内外学者多年来的研究为本研究提供了研究基础，丰富的卫星数据为本书研究提供了重要的数据支持。不同于使用单独卫星观测该地区湖泊的水位、面积和陆地水储量变化，本研究综合了多源卫星数据和气象资料，对青藏高原湖泊水储量变化进行定量计算，并分析了不同时间段湖泊水储量变化的贡献因素。本书在前人的研究基础上，重点对内陆湖泊波形重跟踪算法、结合多源卫星数据观测湖泊水储量变化及湖泊水储量变化的气候及环境因素分析等方面进行了研究，取得了一定的研究成果。另一方面，相关研究也有诸多问题尚待解决，主要包括如下几点：

（1）测高数据的地球物理及环境改正项是影响数据精度的重要因素，由于（S）GDR 产品中的改正数为全球模型或星载传感器观测数据计算得到，精度仍有提高空间。后续将研究利用实测数据或更可靠的模型计算结果替代部分改正参数，以期进一步优化测高数据精度。

（2）由于冰川融水量仍无法准确估计，有关冰川在湖泊水量平衡中的作用仍存在很大的争议。本书仅通过冰川系数定性分析冰川分布与湖泊水储量变化的相关性，而无法定量估计冰川融水对湖泊水储量变化的贡献。后续将进一步研究利用 ICESat、Crysoat-2 测高数据及遥感影像资料分析青藏高原冰川体量变化。

（3）由于现有测高卫星的设计局限性，在内陆湖泊研究领域，无法兼顾测高数据的时间和空间分辨率。尽管在本书中融合了多源测高数据，湖泊的有效覆盖率仍远低于遥感影像，即将实施的宽幅测高卫星（SWOT：Surface Water Ocean Topography）将采用合成孔径雷达干涉测量技术，大幅提高数据的空间分辨率。后续将利用该卫星的测试数据进行内陆湖泊监测的预研究工作。

参考文献

[1] 王洪道. 中国湖泊水量分析与评价[J]. 海洋与湖沼，1987，18（1）：12-21.

[2] 王苏民，窦鸿身. 中国湖泊志[M]. 北京：科学出版社，1998.

[3] YANG K, LU H, YUE S, et al. Quantifying recent precipitation change and predicting lake expansion in the Inner Tibetan Plateau[J]. Climatic Change, 2018, 147: 149-163.

[4] TAO S，ZHANG H，FENG Y，et al. Changes in China's water resources in the early 21st century[J]. Frontiers in Ecology and the Environment，2020，18（4）：188-193.

[5] 达瓦次仁. 全球气候变化对青藏高原水资源的影响[J]. 西藏研究，2010，4：90-99.

[6] SONG C，YE Q，SHENG Y，et al. Combined ICESat and CryoSat-2 altimetry for accessing water level dynamics of Tibetan lakes over 2003 2014[J]. Water，2015，7（9）：4685-4700.

[7] 郑然，李栋梁，蒋元春. 全球变暖背景下青藏高原气温变化的新特征[J]. 高原气象，2015，34（6）：1531-1539.

[8] 李治国. 近 50 年气候变化背景下青藏高原冰川和湖泊变化[J]. 自然资源学报，2012，27（8）：1431-1443.

[9] 姜永见，李世杰，沈德福，等. 青藏高原近 40 年来气候变化特征及湖泊环境响应[J]. 地理科学，2012，32（12）：1503-1512.

[10] LIU J，WANG S，YU S，et al. Climate warming and growth of high-elevation inland lakes on the Tibetan Plateau[J]. Global and Planetary Change，2009，67（3-4）：209-217.

[11] 张鑫，吴艳红. 1972—2012 年青藏高原中南部内陆湖泊的水位变化[J]. 地理学报，2014，69（7）：993-1001.

[12] 除多，普穷，朱立平，等. 近 40 年西藏羊卓雍错湖泊面积变化遥感分析[J]. 湖泊科学，2012，24（3）：494-502.

[13] YE Q，ZHU L，ZHENG H，et al. Glacier and lake variations in the Yamzhog Yumco basin，southern Tibetan Plateau，from 1980 to 2000 using remote-sensing and GIS technologies[J]. Journal of Glaciology，2007，53（183）：673-676.

[14] 赵瑞，叶庆华，宗继彪. 青藏高原南部佩枯错流域冰川：湖泊变化及其对气候的响应[J]. 干旱区资源与环境，2016 ，30（2）：147-152.

[15] 袁云，李栋梁，安迪. 青海湖水位变化对青藏高原气候变化的响应[J]. 高原气象，2012，31（1）：57-64.

[16] YANG R，ZHU L，WANG J，et al. Spatiotemporal variations in volume of closed lakes on the Tibetan Plateau and their climatic responses from 1976 to 2013[J]. Climatic Change，2017，140：621-633.

[17] 姜卫平，褚永海，李建成，等. 利用 ENVISAT 测高数据监测青海湖水位变化[J]. 武汉大学学报（信息科学版），2008，33 （1）：64-67.

[18] 张烁. 青藏高原湖泊对气候变化的响应研究：以玛旁雍错和拉昂错为例[D]. 阜新：辽宁工程技术大学，2010.

[19] 张鑫，吴艳红，张鑫. 基于多源卫星测高数据的扎日南木错水位动态变化 （1992—2012 年）[J]. 自然资源学报，2015，30（7）：1153-1162.

[20] 边多，拉巴，王彩云，等. 1975—2008 年西藏色林错湖面变化对气候变化的响应[J]. 地理学报，2010，65（3）：313-319.

[21] 张国庆，姚檀栋，康世昌. 基于 ICESat 和 Landsat 的中国十大湖泊水量平衡估算[J]. 科学通报，2013，58（26）：2664-2678.

[22] SONG C，HUANG B，KE L，et al. Precipitation variability in High Mountain Asia from multiple datasets and implication for water balance analysis in large lake basins[J]. Global and Planetary Change，2016，145：20-29.

[23] 朱立平，谢曼平，吴艳红. 西藏纳木错 1971—2004 年湖泊面积变化及其原因的定量分析[J]. 科学通报，2010，55（18）：1789-1798.

[24] SONG C，HUANG B，RICHARDS K，et al. Accelerated lake expansion on the Tibetan Plateau in the 2000s：Induced by glacial melting or other processes [J]. Water Resources Research，2014，50（4）：3170-3186.

[25] 李建成，范春波，褚永海，等. ICESAT 卫星确定南极冰盖高程模型研究[J]. 武汉大学学报（信息科学版），2008，33（3）：226-228.

[26] 鄂栋臣，袁乐先，杨元德，等. 利用 ICESat 测量南极冰盖表面高程变化[J]. 大地测量与地球动力学，2014，34（6）：41-43.

[27] KLEINHERENBRINK M，DITMAR P G，LINDENBERGH R C. Retracking Cryosat data in the SARIn mode and robust lake level extraction[J]. Remote sensing of environment，2014，152：38-50.

[28] JIANG L，NIELSEN K，ANDERSEN O B，et al. CryoSat-2 radar altimetry for monitoring freshwater resources of China[J]. Remote Sensing of Environment，2017，200：125-139.

[29] ZHANG M，LEE H，SHUM C K，et al. Application of retracked satellite altimetry for inland hydrologic studies[J]. International Journal of Remote Sensing，2010，31（14）：3913-3929.

[30] CRÉTAUX J F，BIRKETT C. Lake studies from satellite radar altimetry[J]. Comptes Rendus Geoscience，2006，338（14-15）：1098-1112.

[31] SHUM C，YI Y，CHENG K，et al. Calibration of JASON-1 altimeter over lake erie special issue：Jason-1 calibration/validation[J]. Marine Geodesy，2003，26（3-4）：335-354.

[32] MORRIS C S，GILL S K. Variation of Great Lakes water levels derived from Geosat altimetry[J]. Water Resources Research，1994，30（4）：1009-1017.

[33] BIRKETT C M. The contribution of TOPEX/POSEIDON to the global monitoring of climatically sensitive lakes[J]. Journal of Geophysical Research：Oceans，1995，100（C12）：25179-25204.

[34] CALMANT S，SEYLER F，CRETAUX J F. Monitoring continental surface waters by satellite altimetry[J]. Surveys in geophysics，2008，29：247-269.

[35] 孙占东，王润，黄群. 近 20 年博斯腾湖与岱海水位变化比较分析[J]. 干旱区资源与环境，2006，20（5）：56-60.

[36] CHU Y，LI J，JIANG W，et al. Determination of inland lake level and its variations in China from satellite altimetry[C]//Dynamic Planet：Monitoring and Understanding a Dynamic Planet with Geodetic and Oceanographic Tools IAG Symposium Cairns，Australia 22-26 August，2005. Springer Berlin Heidelberg，2007：80-83.

[37] HWANG C，GUO J，DENG X，et al. Coastal gravity anomalies from retracked Geosat/GM altimetry：improvement，limitation and the role of airborne gravity data[J]. Journal of Geodesy，2006，80：204-216.

[38] ZHANG J，XU K，YANG Y，et al. Measuring water storage fluctuations in Lake Dongting，China，by Topex/Poseidon satellite altimetry[J]. Environmental Monitoring and Assessment，2006，115：23-37.

[39] 李景刚，李纪人，阮宏勋，等. Jason-2 卫星测高数据在陆地水域水位变化监测中的应用：以南洞庭湖为例[J]. 自然资源学报，2010，25（3）：502-510.

[40] 郭金运，孙佳龙，常晓涛，等. TOPEX/Poseidon 卫星监测博斯腾湖水位变化及其与 NINO3 SST 的相关性分析[J]. 测绘学报，2010，39（3）：221-226.

[41] QIN J, DING Y J, ZHAO Q D, et al. Assessments on surface water resources and their vulnerability and adaptability in China[J]. Advances in Climate Change Research, 2020，11（4）：381-391.

[42] 刘英，岳辉，王浩人，等. 基于 LEGOS HYDROWEB 的青藏高原湖泊群水位和面积动态变化分析[J]. 科学技术与工程，2016，16（30）：169-175.

[43] MERCIER F，ROSMORDUC V，CARRERE L，et al. Coastal and Hydrology Altimetry product （PISTACH） handbook[J]. Centre National d’Études Spatiales（CNES），Paris，France，2010，4.

[44] ZHANG G，XIE H，KANG S，et al. Monitoring lake level changes on the Tibetan Plateau using ICESat altimetry data （2003—2009）[J]. Remote Sensing of Environment，2011，115（7）：1733-1742.

[45] HWANG C，CHENG Y S，HAN J，et al. Multi-decadal monitoring of lake level changes in the Qinghai-Tibet Plateau by the TOPEX/Poseidon-family altimeters：Climate implication[J]. Remote sensing，2016，8（6）：446.

[46] 罗北.利用 ENVISAT 和 SARAL 数据确定青藏高原湖水位变化[D]. 武汉：武汉大学，2017.

[47] PHAN V H，LINDENBERGH R，MENENTI M. ICESat derived elevation changes of Tibetan lakes between 2003 and 2009[J]. International Journal of Applied Earth Observation and Geoinformation，2012，17：12-22.

[48] SONG C，HUANG B，KE L. Modeling and analysis of lake water storage changes on the Tibetan Plateau using multi-mission satellite data[J]. Remote Sensing of Environment，2013，135：25-35.

[49] JIANG L，NIELSEN K，ANDERSEN O B，et al. Monitoring recent lake level variations on the Tibetan Plateau using CryoSat-2 SARIn mode data[J]. Journal of Hydrology，2017，544：109-124.

[50] KROPÁ□EK J，MAUSSION F，CHEN F，et al. Analysis of ice phenology of lakes on the Tibetan Plateau from MODIS data[J]. The Cryosphere，2013，7（1）：287-301.

[51] WAN W，XIAO P，FENG X，et al. Monitoring lake changes of Qinghai-Tibetan Plateau over the past 30 years using satellite remote sensing data[J]. Chinese Science Bulletin，2014，59：1021-1035.

[52] ZHANG G, LI J, ZHENG G. Lake-area mapping in the Tibetan Plateau: an evaluation of data and methods[J]. International journal of remote sensing, 2017, 38 (3): 742-772.

[53] WU Y, ZHANG X, ZHENG H, et al. Investigating changes in lake systems in the south-central Tibetan Plateau with multi-source remote sensing[J]. Journal of Geographical Sciences, 2017, 27: 337-347.

[54] 张国庆. 青藏高原湖泊变化遥感监测及其对气候变化的响应研究进展[J]. 地理科学进展, 2018, 37 (2): 214-223.

[55] 周艺, 周伟奇, 王世新, 等. 遥感技术在内陆水体水质监测中的应用[J]. 水科学进展, 2004, 15 (3): 312-317.

[56] 边多, 杨志刚, 李林, 等. 近 30 年来西藏那曲地区湖泊变化对气候波动的响应[J]. 地理学报, 2006, 61 (5): 510-518.

[57] 闫立娟, 齐文. 青藏高原湖泊遥感信息提取及湖面动态变化趋势研究[J]. 地球学报, 2012, 33 (1): 65-74.

[58] 杨珂含, 姚方方, 董迪, 等. 青藏高原湖泊面积动态监测[J]. 地球信息科学学报, 2017, 19 (7): 972-982.

[59] ZHANG L, HUANG X. Advanced processing techniques for remotely sensed imagery[J]. Journal of Remote Sensing, 2009, 13 (4): 559-569.

[60] BENNETT M W A. Rapid monitoring of wetland water status using density slicing[C]//Proceedings of the Fourth Australasian Remote Sensing Conference, 1987: 682-691.

[61] MOLLER-JENSEN L. Knowledge-based classification of an urban area using texture and context information in Landsat-TM imagery[J]. Photogrammetric Engineering and Remote Sensing, 1990, 56: 899-904.

[62] BI H, WANG S, ZENG J, et al. Comparison and analysis of several common water extraction methods based on TM image[J]. Remote Sensing Information, 2012, 27 (5): 77-82.

[63] 杜云艳, 周成虎. 水体的遥感信息自动提取方法[J]. 遥感学报, 1998, 2 (4): 364-369.

[64] 都金康, 黄永胜, 冯学智, 等. SPOT 卫星影像的水体提取方法及分类研究[J]. 遥感学报, 2001, 5 (3): 214-219.

[65] HORWITZ H M, NALEPKA R F, HYDE P D, et al. Estimating the proportions of

objects within a single resolution element of a multispectral scanner[C]//International Symposium on Remote Sensing of Environment, 7th, University of Michigan, 1971.

[66] MCFEETERS S K. The use of the Normalized Difference Water Index (NDWI) in the delineation of open water features[J]. International journal of remote sensing, 1996, 17(7):1425-1432.

[67] 徐涵秋. 利用改进的归一化差异水体指数（MNDWI）提取水体信息的研究[J]. 遥感学报，2005，9（5）：589-595.

[68] 万玮，肖鹏峰，冯学智，等. 近 30 年来青藏高原羌塘地区东南部湖泊变化遥感分析[J]. 湖泊科学，2010，22（6）：874-881.

[69] MA N，SZILAGYI J，NIU G Y，et al. Evaporation variability of Nam Co Lake in the Tibetan Plateau and its role in recent rapid lake expansion[J]. Journal of Hydrology，2016，537：27-35.

[70] 董斯扬，薛娴，尤全刚，等. 近 40 年青藏高原湖泊面积变化遥感分析[J]. 湖泊科学，2014，26（4）：535-544.

[71] 车向红，冯敏，姜浩，等. 2000—2013 年青藏高原湖泊面积 MODIS 遥感监测分析[J]. 地球信息科学学报，2015，17（1）：99-107.

[72] 鲁安新，姚檀栋，王丽红，等. 青藏高原典型冰川和湖泊变化遥感研究[J]. 冰川冻土，2005，27（6）：783-792.

[73] WAHR J，MOLENAAR M，BRYAN F. Time variability of the Earth's gravity field：Hydrological and oceanic effects and their possible detection using GRACE[J]. Journal of Geophysical Research：Solid Earth，1998，103（B12）：30205-30229.

[74] 胡小工，陈剑利，周永宏，等. 利用 GRACE 空间重力测量监测长江流域水储量的季节性变化[J]. 中国科学 D 辑，2006，36（3）：225-232.

[75] 杨元德，鄂栋臣，晁定波，等. GRACE 估算陆地水储量季节和年际变化[J]. 地球物理学报，2009 （12）：2987-2992.

[76] 曹艳萍，南卓铜，胡兴林. 利用 GRACE 重力卫星数据反演黑河流域地下水变化[J]. 冰川冻土，2012，34（3）：680-689.

[77] 罗志才，李琼，钟波. 利用 GRACE 时变重力场反演黑河流域水储量变化[J]. 测绘学报，2012，41（5）：676.

[78] 刘任莉，李建成，褚永海. 利用 GRACE 地球重力场模型研究中国西南区域水储量变化[J]. 大地测量与地球动力学，2012，32（2）：39-43.

[79] 尼胜楠，陈剑利，李进，等. 利用 GRACE 卫星时变重力场监测长江，黄河流域

水储量变化[J]. 大地测量与地球动力学，2014，34（4）：49-55.

[80] 李爱华，崔胜玉，王红瑞，等. 基于 GRACE 卫星时变重力场模型的黄河中游地区水储量变化研究[J]. 自然资源学报，2017，32（3）：461-473.

[81] BECKER M, LLOVEL W, CAZENAVE A, et al. Recent hydrological behavior of the East African great lakes region inferred from GRACE, satellite altimetry and rainfall observations[J]. Comptes Rendus Geoscience, 2010, 342(3): 223-233.

[82] HWANG C, YU-CHI K, TANGDAMRONGSUB N. A preliminary analysis of lake level and water storage changes over lakes Baikal and Balkhash from satellite altimetry and gravimetry[J]. TAO: Terrestrial, Atmospheric and Oceanic Sciences, 2011, 22(2): 97-108.

[83] GUO J, SUN J, CHANG X, et al. Correlation analysis of NINO3. 4 SST and inland lake level variations monitored with satellite altimetry:case studies of lakes Hongze, Khanka, La-ang, Ulungur, Issyk-kul and Baikal[J]. TAO:Terrestrial, Atmospheric and Oceanic Sciences, 2011, 22(2): 203-213.

[84] LEE H, SHUM C K, TSENG K H, et al. Present-day lake level variation from Envisat altimetry over the Northeastern Qinghai-Tibetan plateau:links with precipitation and temperature[J]. TAO: Terrestrial,Atmospheric and Oceanic Sciences, 2011, 22(2): 169-175.

[85] 梁月. 联合多种卫星测高数据研究昂孜错湖水位变化及其气候响应[D]. 武汉：武汉大学，2016.

[86] CRÉTAUX J F, ABARCA-DEL-RÍO R, BERGE-NGUYEN M, et al. Lake volume monitoring from space[J]. Surveys in Geophysics, 2016, 37:269-305.

[87] LIAO J, GAO L, WANG X. Numerical simulation and forecasting of water level for Qinghai Lake using multi-altimeter data between 2002 and 2012[J]. IEEE Journal of Selected Topics in Applied Earth Observations and Remote Sensing, 2014, 7(2): 609-622.

[88] QIAO G, LI H. Lake Water Footprint Determination Using Linear Clustering-based Algorithm and Lake Water Changes in the Tibetan Plateau from 2002 to 2020[J]. Photogrammetric Engineering & Remote Sensing, 2022, 88(6): 371-382.

[89] 汪汉胜，王志勇，袁旭东. 基于 GRACE 时变重力场的三峡水库补给水系水储量变化[J]. 地球物理学报，2007，50（3）：730-736.

[90] WANG X,DE LINAGE C, FAMIGLIETTI J, et al. Gravity Recovery and Climate

Experiment (GRACE) detection of water storage changes in the Three Gorges Reservoir of China and comparison with in situ measurements[J]. Water Resources Research, 2011, 47(12), W12502.

[91] HUANG Z, PAN Y, GONG H,et al. Subregional-scale groundwater depletion detected by GRACE for both shallow and deep aquifers in North China Plain[J]. Geophysical research letters, 2015, 42(6): 1791-1799.

[92] 姬剑锋，焦文海，胡国军. 卫星激光测高原理及其测距精度估算[J]. 长江大学学报（自然科学版），2005 （2）：46-48.

[93] WAHR J M. Deformation induced by polar motion[J]. Journal of Geophysical Research: Solid Earth, 1985, 90(B11):9363-9368.

[94] CHELTON D B. The sea state bias in altimeter estimates of sea level from collinear analysis of TOPEX data[J]. Journal of Geophysical Research: Oceans, 1994, 99(C12): 24995-25008.

[95] GASPAR P, OGOR F,LE TRAON P Y, et al. Estimating the sea state bias of the TOPEX and POSEIDON altimeters from crossover differences[J]. Journal of Geophysical Research: Oceans, 1994, 99(C12): 24981-24994.

[96] BROWN S, RUF C, KEIHM S, et al. Preliminary validation and performance of the JASON microwave radiometer[C]//IGARSS 2003. 2003 IEEE International Geoscience and Remote Sensing Symposium. Proceedings (IEEE Cat. No. 03CH37477). IEEE, 2003, 2:1077-1079.

[97] SCHREINER W S, MARKIN R E, BORN G H. Correction of single frequency altimeter measurements for ionosphere delay[J]. IEEE transactions on geoscience and remote sensing, 1997, 35(2): 271-277.

[98] 金涛勇，李建成，王正涛，等. 卫星测高逆气压改正及其对海平面变化的影响[J]. 武汉大学学报（信息科学版），2010，35（9）：1017-1020.

[99] CARRÈRE L, LYARD F. Modeling the barotropic response of the global ocean to atmospheric wind and pressure forcing comparisons with observations[J]. Geophysical Research Letters, 2003, 30(6), 1275.

[100] 高永刚.利用卫星测高进行陆地湖泊水位变化监测[D]. 南京：河海大学，2006.

[101] BERRY P A M, GARLICK J D, FREEMAN J A, et al. Global inland water monitoring from multi mission altimetry[J]. Geophysical Research Letters, 2005, 32(16), L16401.

[102] YONGHAI C, JIANCHENG L. Extraction of two tsunamis signals generated by earthquakes around the Pacific rim[J]. Geodesy and Geodynamics, 2014, 5(2): 38-47.

[103] LEE H, SHUM C K, YI Y, et al. Laurentia crustal motion observed using TOPEX/POSEIDON radar altimetry over land[J]. Journal of Geodynamics, 2008, 46(3-5): 182-193.

[104] WINGHAM D J, RIDOUT A J,SCHARROO R, et al. Antarctic elevation change from 1992 to 1996[J]. Science, 1998, 282(5388): 456-458.

[105] LEE H, SHUM C K, HOWAT I M,et al. Continuously accelerating ice loss over Amundsen Sea catchment, West Antarctica, revealed by integrating altimetry and GRACE data[J]. Earth and Planetary Science Letters, 2012, 321:74-80.

[106] FRAPPART F, MINH K D, L'HERMITTE J, et al. Water volume change in the lower Mekong from satellite altimetry and imagery data[J]. Geophysical Journal International, 2006, 167(2): 570-584.

[107] HWANG C, YANG Y, KAO R, et al. Time-varying land subsidence detected by radar altimetry[J]. Scientific reports, 2016, 6(1):1-12.

[108] WINGHAM D J, RAPLEY C G, GRIFFITHS H. New techniques in satellite altimeter tracking systems[C]//Proceedings of IGARSS. 1986, 86:1339-1344.

[109] MARTIN T V, ZWALLY H J, BRENNER A C, et al. Analysis and retracking of continental ice sheet radar altimeter waveforms[J]. Journal of Geophysical Research: Oceans, 1983, 88(C3): 1608-1616.

[110] DAVIS C H. A surface and volume scattering retracking algorithm for ice sheet satellite altimetry[J]. IEEE transactions on geoscience and remote sensing,1993, 31(4): 811-818.

[111] BAMBER J L. Ice sheet altimeter processing scheme[J]. International Journal of Remote Sensing, 1994, 15(4): 925-938.

[112] DAVIS C H. A robust threshold retracking algorithm for measuring ice-sheet surface elevation change from satellite radar altimeters[J]. IEEE Transactions on Geoscience and Remote Sensing, 1997, 35(4): 974-979.

[113] GUO J Y, GAO Y G, CHANG X C, et al. Optimal threshold algorithm of EnviSat waveform retracking over coastal sea[J]. Chinese Journal of Geophysics, 2010, 53(4): 807-814.

[114] 章传银. 近海多种卫星测高应用技术研究[D]. 武汉：武汉大学，2002.

[115] 褚永海. 卫星测高波形处理理论[D]. 武汉：武汉大学，2007.

[116] LEGRESY B,REMY F. Surface characteristics of the Antarctic ice sheet and altimetric observations[J]. Journal of Glaciology, 1997, 43(144): 265-275.

[117] LAXON S. Sea ice altimeter processing scheme at the EODC[J]. International Journal of Remote Sensing, 1994, 15(4): 915-924.

[118] GOMMENGINGER C, THIBAUT P, FENOGLIO-MARC L, et al. Retracking Altimeter Waveforms near the Coasts [M]. In Coastal Altimetry; Vignudelli S, Kostianoy A G, Cipollini P, Benveniste J,Eds ; Springer: Berlin, Heidelberg, 2011: 61-102.

[119] 郭金运，高永刚，黄金维，等. 沿海雷达卫星测高波形重定多子波参数方法和重力异常恢复[J]. 中国科学 D 辑，2009（9）：1248-1255.

[120] 郭金运，常晓涛，孙佳龙，等.卫星雷达测高波形重定及应用[M]. 北京：测绘出版社，2013.

[121] LIFENG B, YANG L, YONG W, et al. Coastal mean sea surface height by retracking ERS-1 altimeter waveform data[J]. Progress in Geophysics, 2007, 22(2):427-431.

[122] BAO L F, LU Y, XU H Z. Waveform Retracking of Topex/Poseidon Altimeter in China Seas and Its Vicinity[J]. Chinese Journal of Geophysics, 2004, 47(2): 238-244.

[123] HWANG C, GUO J, DENG X, et al. Coastal gravity anomalies from retracked Geosat/GM altimetry: improvement, limitation and the role of airborne gravity data[J]. Journal of Geodesy, 2006, 80:204-216.

[124] LEE H, SHUM C K, EMERY W, et al. Validation of Jason-2 altimeter data by waveform retracking over California coastal ocean[J]. Marine Geodesy, 2010, 33(S1): 304-316.

[125] GUO J Y, SUN J L, CHANG X T, et al. Water level variation of Bosten Lake monitored with TOPEX/Poseidon and its correlation with NINO3 SST[J]. Acta Geodaetica et Cartographica Sinica, 2010, 39(3): 221-226.

[126] YANG Y, HWANG C, HSU H J, et al. A subwaveform threshold retracker for ERS-1 altimetry:A case study in the Antarctic Ocean[J]. Computers & Geosciences, 2012, 41:88-98.

[127] YANG L, LIN M, LIU Q,et al. A coastal altimetry retracking strategy based on waveform classification and sub-waveform extraction[J]. International Journal of Remote Sensing, 2012, 33(24):7806-7819.

[128] IDRIS N H,DENG X. The retracking technique on multi-peak and quasi-specular waveforms for Jason-1 and Jason-2 missions near the coast[J]. Marine Geodesy, 2012, 35(1): 217-237.

[129] PASSARO M, CIPOLLINI P, VIGNUDELLI S, et al. ALES:A multi-mission adaptive subwaveform retracker for coastal and open ocean altimetry[J]. Remote Sensing of Environment, 2014, 145: 173-189.

[130] HALIMI A,MAILHES C,TOURNERET J Y,et al. Parameter estimation for peaky altimetric waveforms[J]. IEEE Transactions on Geoscience and Remote Sensing, 2012, 51(3): 1568-1577.

[131] DENG X, FEATHERSTONE W E. A coastal retracking system for satellite radar altimeter waveforms:Application to ERS 2 around Australia[J]. Journal of Geophysical Research: Oceans, 2006, 111, C06012.

[132] WANG G, LIU G, LIU L. Spatial scale effect on seasonal streamflows in permafrost catchments on the Qinghai–Tibet Plateau[J]. Hydrological Processes, 2012, 26(7): 973-984.

[133] KHAKI M, FOROOTAN E, SHARIFI M A. Satellite radar altimetry waveform retracking over the Caspian Sea[J]. International journal of remote sensing, 2014, 35(17): 6329-6356.

[134] CIPOLLINI P, CALAFAT F M, JEVREJEVA S, et al. Monitoring sea level in the coastal zone with satellite altimetry and tide gauges[J]. Integrative Study of the Mean Sea Level and Its Components, 2017, 38(1):33-57.

[135] BIROL F, FULLER N, LYARD F, et al. Coastal applications from nadir altimetry: example of the X-TRACK regional products[J]. Advances in Space Research, 2017, 59(4): 936-953.

[136] TSENG K H, CHANG C P, SHUM C K, et al. Quantifying freshwater mass balance in the central Tibetan plateau by integrating satellite remote sensing,altimetry,and gravimetry[J]. Remote Sensing, 2016, 8(6):441.

[137] 汪海洪，罗北，梁月，等. 卫星雷达测高波形修正方法研究[J]. 大地测量与地球动力学，2016，36（3）：202-205.

[138] HUANG Z,WANG H,LUO Z,et al. Improving Jason-2 sea surface heights within 10 km offshore by retracking decontaminated waveforms[J]. Remote Sensing, 2017, 9(10): 1077.

[139] DESJONQUÈRES J D, CARAYON G, STEUNOU N,et al. Poseidon-3 radar altimeter:New modes and in-flight performances[J]. Marine Geodesy, 2010, 33(S1):53-79.

[140] DUMONT J P, ROSMORDUE V, DESAI S,et al. 2011. OSTM/Jason-2 Products Handbook [M]. CNES:SALP-MU-M-OP-15818-CN; EUMETSAT:EUM/ OPS-JAS/ MAN/08/0041; JPL:OSTM-29–1237; NOAA/NESDIS:Polar Series/ OSTM J400.

[141] WANG X, ICHIKAWA K. Coastal waveform retracking for Jason-2 altimeter data based on along-track Echograms around the Tsushima Islands in Japan[J]. Remote sensing, 2017, 9(7): 762.

[142] THIBAUT P, POISSON J C, BRONNER E, et al. Relative performance of the MLE3 and MLE4 retracking algorithms on Jason-2 altimeter waveforms[J]. Marine Geodesy, 2010, 33(S1): 317-335.

[143] 金涛勇，李建成，邢乐林，等. 多源卫星测高数据基准的统一研究[J]. 大地测量与地球动力学，2008，28（3）：92-95.

[144] 金涛勇，李建成，姜卫平，等. 基于多源卫星测高数据的新一代全球平均海面高模型[J]. 测绘学报，2011，40（6）：723-729.

[145] 李大炜，李建成，金涛勇，等. 利用多代卫星测高资料监测 1993—2011 年全球海平面变化[J]. 武汉大学学报（信息科学版），2012，37（12）：1421-1424.

[146] 陈旺，梁虹，邓亚东，等. 一种基于指数函数的遥感水体信息提取方法[J]. 地球物理学进展，2012，26（1）：364-370.

[147] 徐蓉，张增祥，赵春哲. 湖泊水体遥感提取方法比较研究[J]. 遥感信息，2015，30（1）：111-118.

[148] 毛鹏磊，胡乃勋，潘方博. 基于遥感影像水体提取算法的研究[J]. 河南科技，2015（22）：138-139.

[149] 闫霈，张友静，张元. 利用增强型水体指数（EWI）和 GIS 去噪音技术提取半干旱地区水系信息的研究[J]. 遥感信息，2007，6：62-67.

[150] YAO F, WANG C, DONG D, et al. High-resolution mapping of urban surface water using ZY-3 multi-spectral imagery[J]. Remote Sensing, 2015, 7(9):12336-12355.

[151] ABILEAH R, VIGNUDELLI S, SCOZZARI A. A completely remote sensing approach to monitoring reservoirs water volume[J]. Int. Water Technol. J, 2011, 1: 63-77.

[152] SCHNEIDER J C. Manual of Fisheries Survey Methods II: with periodic updates[M].

Lansing, MI: Michigan Department of Natural Resources, Fisheries Division, 2000.

[153] 鄂栋臣，杨元德，晁定波. 基于 GRACE 资料研究南极冰盖消减对海平面的影响[J]. 地球物理学报，2009，52（9）：2222-2228.

[154] 刘杰，方剑，李红蕾，等. 青藏高原 GRACE 卫星重力长期变化[J]. 地球物理学报，2015，58（10）：3496-3506.

[155] 陈秋杰，沈云中，张兴福，等. 基于 GRACE 卫星数据的高精度全球静态重力场模型[J]. 测绘学报，2016，45（4）：396-403

[156] BLEWITT G, CLARKE P. Inversion of Earth's changing shape to weigh sea level in static equilibrium with surface mass redistribution[J]. Journal of Geophysical Research: Solid Earth, 2003, 108(B6), 2311.

[157] 许才军，龚正. GRACE 时变重力数据的后处理方法研究进展[J]. 武汉大学学报（信息科学版），2016，41（4）：503-510.

[158] 鞠晓蕾，沈云中，陈秋杰. GRACE 时变重力场条带误差的加权平均去相关滤波方法[J]. 大地测量与地球动力学，2016，36（2）：129-132.

[159] SWENSON S,WAHR J. Post-processing removal of correlated errors in GRACE data[J]. Geophysical research letters, 2006, 33(8), L08402.

[160] 超能芳，王正涛，孙健. 各向异性组合滤波法反演陆地水储量变化[J]. 测绘学报，2015，44（2）：174-182.

[161] PANET I, MIKHAILOV V, DIAMENT M, et al. Coseismic and post-seismic signatures of the Sumatra 2004 December and 2005 March earthquakes in GRACE satellite gravity[J]. Geophysical Journal International, 2007, 171(1): 177-190.

[162] 李琼，罗志才，钟波，等. 利用 GRACE 时变重力场探测 2010 年中国西南干旱陆地水储量变化[J]. 地球物理学报，2013，56（6）：1843-1849.

[163] CHEN J L, WILSON C R, FAMIGLIETTI J S, et al. Attenuation effect on seasonal basin-scale water storage changes from GRACE time-variable gravity[J]. Journal of Geodesy, 2007, 81: 237-245.

[164] LONG D, SHEN Y, SUN A, et al. Drought and flood monitoring for a large karst plateau in Southwest China using extended GRACE data[J]. Remote Sensing of Environment, 2014, 155: 145-160.

[165] 姚朝龙.联合 GRACE 和水文气象数据研究自然与人为因素对区域水储量变化的影响[D]. 武汉：武汉大学，2017.

[166] FENG W, LEMOINE J M, ZHONG M, et al. Terrestrial water storage changes in the

Amazon basin measured by GRACE during 2002—2010[J]. Chinese Journal of Geophysics, 2012, 55(3): 814-821.

[167] LANDERER F W, SWENSON S C. Accuracy of scaled GRACE terrestrial water storage estimates[J]. Water resources research, 2012, 48(4), W04531.

[168] YAO Z, LIU J, HUANG H Q, et al. Characteristics of isotope in precipitation, river water and lake water in the Manasarovar basin of Qinghai–Tibet Plateau[J]. Environmental geology, 2009, 57: 551-556.

[169] KLEINHERENBRINK M, LINDENBERGH R C, Ditmar P G. Monitoring of lake level changes on the Tibetan Plateau and Tian Shan by retracking Cryosat SARIn waveforms[J]. Journal of Hydrology, 2015, 521:119-131.

[170] KROPÁČEK J, BRAUN A, KANG S, et al. Analysis of lake level changes in Nam Co in central Tibet utilizing synergistic satellite altimetry and optical imagery[J]. International Journal of Applied Earth Observation and Geoinformation, 2012, 17: 3-11.

[171] KAO H C, KUO C Y, TSENG K H, et al. Assessment of Cryosat-2 and SARAL/AltiKa altimetry for measuring inland water and coastal sea level variations: A case study on Tibetan Plateau lake and Taiwan Coast[J]. Marine Geodesy, 2019, 42(4): 327-343.

[172] ZHOU J, WANG L, ZHANG Y, et al. Exploring the water storage changes in the largest lake (Selin Co) over the Tibetan Plateau during 2003–2012 from a basin wide hydrological modeling[J]. Water Resources Research, 2015, 51(10):8060-8086.

[173] MÜGLER I, GLEIXNER G, GÜNTHER F, et al. A multi-proxy approach to reconstruct hydrological changes and Holocene climate development of Nam Co, Central Tibet[J]. Journal of Paleolimnology, 2010, 43:625-648.

[174] ZHANG G, YAO T, SHUM C K, et al. Lake volume and groundwater storage variations in Tibetan Plateau's endorheic basin[J]. Geophysical Research Letters, 2017, 44(11):5550-5560.

[175] YI S, SUN W. Evaluation of glacier changes in high mountain Asia based on 10 year GRACE RL05 models[J]. Journal of Geophysical Research:Solid Earth, 2014, 119(3): 2504-2517.

[176] NECKEL N, KROPÁČEK J, BOLCH T, et al. Glacier mass changes on the Tibetan Plateau 2003–2009 derived from ICESat laser altimetry measurements[J].

Environmental research letters, 2014, 9(1):014009.

[177] WANG Q, YI S, SUN W. The changing pattern of lake and its contribution to increased mass in the Tibetan Plateau derived from GRACE and ICESat data[J]. Geophysical Journal International, 2016, 207(1):528-541.

[178] LI H W, QIAO G, WU Y J, et al. Water level monitoring on Tibetan lakes based on ICESat and ENVISAT data series[J]. The International Archives of Photogrammetry, Remote Sensing and Spatial Information Sciences, 2017, 42:1529.

[179] XIE H, YE J, LIU X, et al. Warming and drying trends on the Tibetan Plateau (1971–2005)[J]. Theoretical and Applied Climatology, 2010, 101:241-253.

[180] 高乐. 基于卫星测高技术的青藏高原湖泊水位及冰川高程变化监测研究[D]. 北京：中国科学院，2014.

[181] 高乐，廖静娟，刘焕玲，等. 卫星雷达测高的应用现状及发展趋势瀍[J]. 遥感技术与应用，2014，28（6）：978-983.

[182] HUANG L, LIU J, SHAO Q, et al. Changing inland lakes responding to climate warming in Northeastern Tibetan Plateau[J]. Climatic Change, 2011, 109(3-4):479-502.

[183] LEI Y, YAO T, BIRD B W, et al. Coherent lake growth on the central Tibetan Plateau since the 1970s:Characterization and attribution[J]. Journal of Hydrology, 2013, 483:61-67.

[184] LEI Y, YANG K, WANG B, et al. Response of inland lake dynamics over the Tibetan Plateau to climate change[J]. Climatic Change, 2014, 125:281-290.

[185] ZHANG G, YAO T, SHUM C K, et al. Lake volume and groundwater storage variations in Tibetan Plateau's endorheic basin[J]. Geophysical Research Letters, 2017, 44(11):5550-5560.

[186] YAO F, WANG J, YANG K, et al. Lake storage variation on the endorheic Tibetan Plateau and its attribution to climate change since the new millennium[J]. Environmental Research Letters, 2018, 13(6):064011.

[187] ADRIAN R, O'REILLY C M, ZAGARESE H, et al. Lakes as sentinels of climate change[J]. Limnology and oceanography, 2009, 54(6part2):2283-2297.

[188] Schindler D W. Lakes as sentinels and integrators for the effects of climate change on watersheds, airsheds, and landscapes[J]. Limnology and oceanography, 2009, 54(6part2):2349-2358.

[189] ROBERTSON D M, RAGOTZKIE R A. Changes in the thermal structure of moderate to large sized lakes in response to changes in air temperature[J]. Aquatic Sciences, 1990, 52:360-380.

[190] DE WIT M, STANKIEWICZ J. Changes in surface water supply across Africa with predicted climate change[J]. Science, 2006, 311(5769):1917-1921.

[191] BLISS A, HOCK R, RADIĆ V. Global response of glacier runoff to twenty first century climate change[J]. Journal of Geophysical Research:Earth Surface, 2014, 119(4):717-730.

[192] KANG S, XU Y, YOU Q, et al. Review of climate and cryospheric change in the Tibetan Plateau[J]. Environmental research letters, 2010, 5(1):015101.

[193] NICHOLSON S E, YIN X, ODADA E O, et al. Mesoscale Patterns of Rainfall, Cloudiness and Evaporation over the Great Lakes of East Africa [M], the East African Great Lakes:Limnology, Palaeolimnology and Biodiversity. Springer Netherlands; Dordrecht, 2002.

[194] TIERNEY J E, SMERDON J E, ANCHUKAITIS K J, et al. Multidecadal variability in East African hydroclimate controlled by the Indian Ocean[J]. Nature, 2013, 493(7432):389-392.

[195] DER BEEK T A, VOß F, FLÖRKE M. Modelling the impact of global change on the hydrological system of the Aral Sea basin[J]. Physics and Chemistry of the Earth, Parts A/B/C, 2011, 36(13):684-695.

[196] CRETAUX J F, LETOLLE R, BERGÉ-NGUYEN M. History of Aral Sea level variability and current scientific debates[J]. Global and Planetary Change, 2013, 110:99-113.

[197] ZHANG G, YAO T, XIE H, et al. An inventory of glacial lakes in the Third Pole region and their changes in response to global warming[J]. Global and Planetary Change, 2015, 131:148-157.

[198] XU Z X, GONG T L, LI J Y. Decadal trend of climate in the Tibetan Plateau: regional temperature and precipitation[J]. Hydrological Processes:An International Journal, 2008, 22(16):3056-3065.

[199] HUANG L, LIU J, SHAO Q, et al. Changing inland lakes responding to climate warming in Northeastern Tibetan Plateau[J]. Climatic Change, 2011, 109(3-4):479-502.

[200] LI L, WANG W. The response of lake change to climate fluctuation in north Qinghai-Tibet Plateau in last 30 years[J]. Journal of Geographical Sciences, 2009,

19(2):131-142.

[201] LEI Y, YANG K. The cause of rapid lake expansion in the Tibetan Plateau:climate wetting or warming?[J]. Wiley Interdisciplinary Reviews:Water, 2017, 4(6):e1236.

[202] MAO D, WANG Z, YANG H, et al. Impacts of climate change on Tibetan lakes:Patterns and processes[J]. Remote Sensing, 2018, 10(3), 358.

[203] KANG S, CHEN F, GAO T, et al. Early onset of rainy season suppresses glacier melt:a case study on Zhadang glacier, Tibetan Plateau[J]. Journal of glaciology, 2009, 55(192):755-75

[204] KANG S, WANG F, MORGENSTERN U, et al. Dramatic loss of glacier accumulation area on the Tibetan Plateau revealed by ice core tritium and mercury records[J]. The Cryosphere, 2015, 9: 1213-1222.

[205] YANG W, YAO T, GUO X, et al. Mass balance of a maritime glacier on the southeast Tibetan Plateau and its climatic sensitivity[J]. Journal of Geophysical Research:Atmospheres, 2013, 118(17):9579-9594.

[206] YAO T, WANG Y, LIU S, et al. Recent glacial retreat in High Asia in China and its impact on water resource in Northwest China[J]. Science in China Series D:Earth Sciences, 2004, 47: 1065-1075.

[207] YAO T, THOMPSON L, YANG W, et al. Different glacier status with atmospheric circulations in Tibetan Plateau and surroundings[J]. Nature climate change, 2012, 2(9): 663-667.

[208] MAO D, LUO L, WANG Z, et al. Variations in net primary productivity and its relationships with warming climate in the permafrost zone of the Tibetan Plateau[J]. Journal of Geographical Sciences, 2015, 25: 967-977.

[209] Martens B, Miralles D G, Lievens H, et al. GLEAM v3:Satellite-based land evaporation and root-zone soil moisture[J]. Geoscientific Model Development, 2017, 10(5): 1903-1925.

[210] 姚晓军，刘时银，孙美平，等. 可可西里地区库赛湖变化及湖水外溢成因[J]. 地理学报，2012，67（5）：689-698.

[211] ZENG Y, SU Z, VAN DER VELDE R, et al. Blending satellite observed, model simulated, and in situ measured soil moisture over Tibetan Plateau[J]. Remote Sensing, 2016, 8(3): 268.

[212] XIE H, ZHU X, YUAN D Y. Pan evaporation modelling and changing attribution analysis on the Tibetan Plateau (1970–2012)[J]. Hydrological Processes, 2015, 29(9): 2164-2177.

[213] YAO X, LIU S, LI L, et al. Spatial-temporal characteristics of lake area variations in Hoh Xil region from 1970 to 2011[J]. Journal of Geographical Sciences, 2014, 24: 689-702.

[214] 骆腾飞，谭德宝，文雄飞.可可西里湖泊水面面积与雪冰覆盖率相关分析[J].水利信息化，2018（2）：15-20.

[215] WANG H, MA M, GENG L. Monitoring the recent trend of aeolian desertification using Landsat TM and Landsat 8 imagery on the north-east Qinghai–Tibet Plateau in the Qinghai Lake basin[J]. Natural Hazards, 2015, 79: 1753-1772.

[216] SUN J, YANG K, GUO W, et al. Why has the inner Tibetan Plateau become wetter since the mid-1990s[J]. Journal of Climate, 2020, 33(19): 8507-8522.

[217] KUANG X, JIAO J J. Review on climate change on the Tibetan Plateau during the last half century[J]. Journal of Geophysical Research:Atmospheres, 2016, 121(8): 3979-4007.

[218] LIU W, CARLING P A, HU K, et al. Outburst floods in China:A review[J]. Earth-Science Reviews, 2019, 197:102895.

[219] HWANG C, CHENG Y S, YANG W H, et al. Lake level changes in the Tibetan Plateau from Cryosat-2, SARAL, ICESat, and Jason-2 altimeters[J]. Terr. Atmos. Ocean. Sci, 2019, 30(1):1-18.

[220] LIU B, LI L, FENG Q, et al. Outburst flooding of the moraine-dammed Zhuonai Lake on Tibetan plateau:causes and impacts[J]. IEEE Geoscience and Remote Sensing Letters, 2016, 13(4): 570-574.

[221] LIU W H, XIE C W, WANG W, et al. Analysis on expansion trend and outburst risk of the Yanhu Lake in Hoh Xil region, Qinghai-Tibet Plateau[J]. Journal of Glaciology and Geocryology, 2019, 41(1):1-12.

[222] XIE C W, LIU W H, WU J C, et al. Environmental changes caused by the outburst of Zonag Lake and the possible outburst mode of Yanhu Lake in the Hoh Xil region[J]. Journal of Glaciology and Geocryology, 2019, 41(6):1-16.

[223] LU P, HAN J, LI Z, et al. Lake outburst accelerated permafrost degradation on Qinghai-Tibet Plateau[J]. Remote Sensing of Environment, 2020, 249:112011.

[224] YAO X, SUN M, GONG P, et al. Overflow probability of the salt lake in Hoh Xil region[J]. Journal of Geographical Sciences, 2018, 28:647-655.

[225] TOURNADRE J, BOUHIER N, BOY F, et al. Detection of iceberg using Delay Doppler and interferometric Cryosat-2 altimeter data[J]. Remote Sensing of Environment, 2018, 212:134-147.

[226] BOUFFARD J, WEBB E, SCAGLIOLA M, et al. CryoSat instrument performance and ice product quality status[J]. Advances in Space Research, 2018, 62(6): 1526-1548.

[227] ZHANG G, YAO T, XIE H, et al. Response of Tibetan Plateau lakes to climate change:Trends, patterns, and mechanisms[J]. Earth-Science Reviews, 2020, 208:103269.

[228] ZHANG G, YAO T, PIAO S, et al. Extensive and drastically different alpine lake changes on Asia's high plateaus during the past four decades[J]. Geophysical Research Letters, 2017, 44(1): 252-260.

[229] RODRIGUEZ E, MORRIS C S, BELZ J E. A global assessment of the SRTM performance[J]. 2006, 72(3): 249-260.

[230] YANG K, YAO F, WANG J, et al. Recent dynamics of alpine lakes on the endorheic Changtang Plateau from multi-mission satellite data[J]. Journal of Hydrology, 2017, 552: 633-645.

[231] 毛松，沈强，汪汉胜，等. CryoSat-2 SARIn 模式二级产品在内陆水域的偏差分析[J].大地测量与地球动力学，2019，39（5）：482-486，491.

[232] CHENG K C, KUO C Y, TSENG H Z, et al. Lake surface height calibration of Jason-1 and Jason-2 over the Great Lakes[J]. Marine Geodesy, 2010, 33(S1):186-203.

[233] BIRKETT C M, BECKLEY B. Investigating the performance of the Jason-2/OSTM radar altimeter over lakes and reservoirs[J]. Marine geodesy, 2010, 33(S1):204-238.

[234] 黄征凯，汪海洪，温志强. 基于波形净化技术的内陆湖泊波形重跟踪算法[J].长江科学院院报，2021，38（2）：149-154.

[235] HWANG C, CHENG Y S, YANG W H, et al. Lake level changes in the Tibetan Plateau from Cryosat-2, SARAL, ICESat, and Jason-2 altimeters[J]. Terr. Atmos. Ocean. Sci, 2019, 30(1):1-18.

[236] LIU B, LI L, DU Y E, et al. Causes of the outburst of Zonag Lake in Hoh Xil, Tibetan Plateau, and its impact on surrounding environment[J]. Journal of Glaciology and Geocryology, 2016, 38(2): 305-311.

[237] LIU W, XIE C, ZHAO L, et al. Dynamic changes in lakes in the Hoh Xil region before and after the 2011 outburst of Zonag Lake[J]. Journal of Mountain Science, 2019, 16(5): 1098-1110.